Guy Browning

W0177592

Wie man eine Topfpflanze in zwei Wochen tötet

und andere Karrieretipps
für den Büroalltag

Deutsch von Barbara Häusler

Rowohlt Taschenbuch Verlag

Dieses Buch ist Rufus Olins
gewidmet, der das Herz auf dem
rechten Fleck hat.

Deutsche Erstausgabe
Veröffentlicht im Rowohlt Taschenbuch Verlag,
Reinbek bei Hamburg, Mai 2008
Copyright © der deutschen Ausgabe 2008 by
Rowohlt Verlag GmbH, Reinbek bei Hamburg
Die englische Originalausgabe erschien
unter dem Titel «Office Politics: How Work Really Works»
bei Ebury Press, London
Copyright der englischen Ausgabe © 2006 by Guy Browning
Redaktion Christof Blome
Umschlaggestaltung ZERO Werbeagentur, München
(Foto: S. Fagan / Getty Images)
Satz aus der Thesis Sans, PostScript, InDesign,
bei Pinkuin Satz und Datentechnik, Berlin
Druck und Bindung CPI – Clausen & Bosse, Leck
Printed in Germany
ISBN 978 3 499 62350 9

Mein Dank geht an ...

... Andrew Goodfellow, Ken Barlow, Kate Jones, Laura Sampson und Lawrence Tejada für ihre coole Professionalität.

Dank auch an Ralph Browning, Fiona McAnena, Malcolm Adams, Andrew Lane und Andrew Robson, die viele Informationen zu diesem Buch beigesteuert haben.

Schließlich ein Riesendankeschön an meine Frau Ester für ihre Hinweise auf kleine Fehler, die mir ohne sie unterlaufen wären – wie etwa schon bei meiner Berufswahl.

Guy Browning, Kingston Bagpuize, 2006

Inhalt

Pfarrer, Veranstalter von Kleintierschauen und andere Menschen, die sehr wenig Erfahrung mit dem Büroleben haben, sagen manchmal, sie hätten es gerne «professionell». Wer tatsächlich in einem Büro arbeitet, weiß, dass «professionell» nichts weiter bedeutet, als dass man von einem sich stetig verschlimmernden Schlamassel in den nächsten gerät und jedes Mal nur haarscharf und kurz vor dem Herzstillstand noch einmal davonkommt, weil sich in allerletzter Sekunde ein wundersamer Ausweg ergibt.

Drei Faktoren machen den Arbeitsalltag zu einem Albtraum: menschliches Irren, technisches Versagen und göttliche Fügung. Sie hängen natürlich unmittelbar miteinander zusammen, insofern technisches Versagen gewöhnlich eine Folge menschlichen Irrens ist, menschliches Irren wiederum Resultat einer Fügung Gottes und eine Fügung Gottes sich bei näherer Betrachtung im Allgemeinen als technisches Versagen erweist. Auf höherer Ebene kommt es auch zu menschlichem Versagen, technischen Fügungen und göttlichem Irren, die allesamt für wirklich atemberaubenden Schlamassel sorgen.

Dennoch ist die Grundursache aller Büroprobleme der Büromensch. Bittet man ihn um etwas, verhört er sich, versteht es falsch, macht das Falsche auf falsche Art und Weise und liefert das Ergebnis schließlich zur falschen Zeit am falschen Ort bei der falschen Person ab. Falsch herum, natürlich.

Das Einzige, worauf man sich in der Arbeitswelt absolut verlassen kann, ist Unzuverlässigkeit. Das nämlich bedeutet «professionell» in Wirklichkeit. Wer hundertprozentige Arbeitsleistung will, sollte sich an Pfarrer und Veranstalter von Kleintierschauen wenden. Einstweilen lese er dieses Buch. Es handelt davon, wie die Arbeitswelt wirklich tickt und wie man sie einigermaßen heil übersteht.

1 Vorgesetzte und wie man mit ihnen fertig wird

Chefs

Der Unterschied zwischen einem Chef und einer Bank besteht darin, dass einem die Bank bisweilen Kredit gibt. Chefs dagegen geben einem etwas zu tun und werfen einem anschließend vor, dass man es getan hat. Eins jedoch werden sie nie begreifen: Gäben sie einem erst gar nichts zu tun, würde man auch nicht so schrecklichen Mist bauen. Erinnern Sie sie also bisweilen daran, dass, je weniger man Ihnen aufbrummt, Sie desto weniger auch vermasseln können.

Bei besonders mieser Laune behaupten Chefs manchmal, Ihren Job auch im Kopfstand erledigen zu können, weshalb es im Allgemeinen so wirkt, als sprächen sie mit dem Hintern. Natürlich versäumen sie nicht, darauf hinzuweisen, dass niemand in der Lage sei, ihren Job besser zu machen als sie selbst, mal abgesehen von ihrem eigenen Chef. Das geht dann die ganze Leiter rauf bis zum Premierminister und fängt anschließend wieder von vorn an.

Gewöhnlich sind Chefs älter als Sie. Wenn nicht, muss eins von beidem passiert sein: Entweder haben Sie mit jemandem geschlafen, mit dem Sie es nicht hätten tun sollen, oder die Chefs haben mit jemandem geschlafen, mit dem Sie es besser getan hätten. Ersatzweise sind Sie wirklich außerordentlich dämlich, und Ihre Laufbahn ist so festgelegt wie die Route eines Linienbusses.

Chefs lieben es, etwas zu unterschreiben. In manchen Firmen kann man nicht einmal einen fahren lassen ohne die Unterschrift des Chefs in dreifacher Ausfertigung. Das bedeutet mitnichten, dass sie alles zur Kenntnis nähmen, was sie abzeichnen. Tatsächlich plagen sich Chefs nicht damit rum, irgendetwas zu lesen, abgesehen von Ihren Spesenabrechnungen, die sie zur mikroskopischen Untersuchung in ein gerichtsmedizinisches Labor schicken.

Der Fairness halber sei gesagt, dass Chefs verdammt viel Verantwortung tragen. Das betonen sie selbst immer wieder gern. Im Klartext bedeutet es nichts anderes, als dass sie das dickste Portemonnaie nach Hause tragen. Chefs genießen zudem eine Reihe von Zulagen, und je bedeutender der Chef, desto bedeutender und größer die Zulagen, vom Firmenwagen über den großen Firmenwagen und den großen Firmenwagen mit Chauffeur bis hin zum «Ich glaube, ich arbeite daheim».

Selbstverständlich gibt es gute und schlechte Chefs. Manche machen sich die Mühe, Interesse für Ihre Tätigkeit aufzubringen, unterstützen Ihre persönliche Entwicklung und bieten Ihnen überhaupt ein stimulierendes und anspruchsvolles Arbeitsumfeld. Es gibt sogar gute Chefs, die sich in ihr Zimmer einschließen, fünf Stunden lang in der Mittagspause sind und Sie vollständig in Frieden lassen.

Der Vorstand

Die meisten Führungskräfte bringen ihr gesamtes Arbeitsleben mit dem Versuch zu, in den Vorstand zu kommen, aber wenn sie endlich drin sind, haben sie nicht die geringste Ahnung, was sie dort sollen. Das Wichtigste, was Sie sich für Ihre Arbeit im Vorstand einer Firma merken müssen, ist, dass Ihre Kollegen dort mindestens genauso erstaunt sind, im Vorstand zu sein, wie Sie. Seien Sie also keinesfalls überrascht, sollten in Ihrer ersten Sitzung sämtliche Vorstände um den Tisch herumtanzen und kichernd «Wir sind alle im Vorstand» singen. Außerhalb des Vorstands müssen sich die Vorstände natürlich vollkommen ernst nehmen, sonst täte es ja keiner.

Der ödeste Aspekt einer Vorstandstätigkeit besteht darin, dass man von Ihnen erwartet, die Zahlen zu verstehen. Obwohl dafür überwiegend der Finanzvorstand zuständig ist (wieso sonst sollte man einen Buchhalter in den Vorstand lassen?), müssen Sie immer so tun, als würden auch Sie sich damit auskennen. Nehmen Sie sich einen Abschnitt der Tabellen vor, nach Möglichkeit an deren Ende, und stellen Sie anschließend eine intelligente Frage dazu. Jeder wird annehmen, Sie hätten das Ganze tatsächlich gelesen und verstanden.

In jedem Unternehmen verlangt die Belegschaft fort-während danach, etwas über die Meinungen und Ziele des Vorstands zu erfahren. Das kann vertrackt sein, schließlich hatten die Mitglieder des Vorstands über Jahre hinweg kein anderes Ziel, als dort hineinzukommen. Ist man einmal drin, hat man im Allgemeinen keine Ahnung, wie es weiterge-hen soll, und beginnt daher, sich ernsthafte Gedanken über seine Altersversorgung zu machen. Hier empfiehlt sich eine «Anhörung», in deren Zuge der Vorstand die Ansichten der Mitarbeiter sammelt und sie bei der nächsten Jahreshaupt-versammlung als wohldurchdachte eigene Stellungnahme präsentiert.

Zu den Annehmlichkeiten von Vorstandssitzungen gehört, dass in regelmäßigen Abständen Kaffee und Plätzchen ge-reicht werden. Das geschieht aus folgendem Grund: Sollten Sie sich Ihren Kaffee selbst kochen, entsprächen die Kosten aufgrund Ihrer hohen Gehaltsstufen dem jährlichen Brut-togewinn einer Zweigniederlassung. Wenn die Plätzchen kommen, nehmen Sie auf gar keinen Fall ein rosafarbenes rundes. Das würde Sie auf der Stelle als jemanden abstem-peln, der bereit wäre, sich für ein Projekt der Personalabtei-lung einzusetzen.

Leute, die es an die Spitze eines Unternehmens geschafft haben, sind generell gestörte Individuen: übererfüllend, überkompensierend und überheblich. Merken Sie sich, dass Sie in Vorstandssitzungen den Großteil Ihrer Zeit mit dem Versuch zubringen werden, Egos von der Größe Dänemarks zu bändigen, um in den letzten fünf Minuten den zukünftigen Kurs des Unternehmens zu beschließen. Sie werden außerdem feststellen, dass alle in einer Vorstandssitzung erledigten Angelegenheiten in den Zuständigkeitsbereich desjenigen Vorstands fallen, der nicht anwesend war.

Die meisten Leute bringen es in die Geschäftsführung, weil sie über eine angeborene Begabung verfügen, wirkliche Arbeit an Untergebene zu delegieren, um so Zeit für ausgiebiges Arschkriechen bei ihren Vorgesetzten zu gewinnen. Sobald man einmal im Vorstand sitzt, erfolgt dieses Delegieren formell an Unterausschüsse. Schwierige Aufgaben werden dabei solchen Unterausschüssen übertragen, die keine Vorstände stellen, und wenn sie sich wie die Bekloppten ins Zeug legen, belohnt man sie mit «direktem Zugang zum Vorstand» und «der Möglichkeit, die Firmenpolitik zu beeinflussen» (was noch mehr schwierige Aufgaben bedeutet).

Selbst im Vorstand gibt es immer einen, vor dem man katzbuckelt, und das ist der Geschäftsführer oder der Vorstandsvorsitzende. Deren Verhalten hängt unmittelbar von ihrem Alter ab. Die in den Dreißigern bereiten sich auf einen besseren Job woanders vor; die in den Vierzigern bereiten den Verkauf der Firma vor; und die in den Fünfzigern bereiten sich auf den Ruhestand vor. Einem Vorstand in den Sechzigern gehört das Unternehmen vermutlich, und er kann ohne Zuhilfenahme von Betäubungsgewehr und Bagger zu gar nichts mehr bewegt werden.

Der Vorstandsvorsitzende

An der Spitze jedes Unternehmens gibt es eine furchterregende, sagenumwobene Kreatur: den Vorstandsvorsitzenden. Diese Spezies führt ein vom Rest des Unternehmens derart abgehobenes Leben, dass niemand genau weiß, was sie eigentlich macht. Das ist ihr Glück.

Der Vorstandsvorsitzende hat nur an einem Tag im Jahr wirklich zu tun, und zwar vor der Jahreshauptversammlung, auf der er den Jahresbericht und den Jahresabschluss vorlegt und zu den Aktionären beziehungsweise dem «Urschleim» spricht, wie die Wirtschaft sie nennt. Am Vorabend der Hauptversammlung arbeitet der Vorstandsvorsitzende bis spät in die Nacht und blättert im «Großen Buch der Platituden». Sein absoluter Favorit: «Der Aktienpreis kann sinken oder steigen», ein unveränderliches Finanzgesetz, das jedoch nicht auf sein Gehalt zuzutreffen scheint.

Vorstandsvorsitzende haben alle Prinz Charles zum Vorbild. Sie tragen gutgearbeitete Maßanzüge und legen Wert darauf, mit schmutzstarrenden Arbeitern zu plaudern, um in Kontakt mit «dem Volk» zu bleiben. Auch sind Vorstandsvorsitzende gut im Beschwichtigen auf allerhöchstem Niveau. Brennt zum Beispiel die Fabrik ab, und halb Europa wird von einer Giftwolke überzogen, sind sie in der Lage, jedermann beruhigend auseinanderzusetzen, ihr Unternehmen habe bis zu jenem «geringfügigen Zwischenfall» eine exzellente Sicherheitsbilanz aufgewiesen und es bestehe keinerlei Anlass zur Sorge, weil unverzüglich eine unabhängige Untersuchung eingeleitet werde, und zwar unter Vorsitz eines ihrer engsten Schulfreunde.

Körperlich kann die Funktion eines Vorstandsvorsitzenden sehr kräftezehrend sein. Als Erstes schwindet die Muskelkraft, und viele Vorstandsvorsitzende stellen fest, dass sie nicht mehr selbst fahren können und in einem großen Wagen überallhin kutschiert werden müssen; auch die Kontrolle über die Handschrift lässt nach, bis ihre Unterschrift der Schleimspur einer verdreckten Nacktschnecke ähnelt. Außerdem, und das ist am gravierendsten, sehen sie sich nicht mehr imstande, auch nur irgendeine Form von Selbstbedienungsrestaurant aufzusuchen, und müssen stattdessen in Restaurants essen, wo sie von vorne bis hinten einschließlich Speiseröhre bedient werden.

Vorstandsvorsitzende kümmern sich überdies um die Beziehungen zur Finanzwelt. Wenn Sie Arme voll Geld verdienen, mag sie Sie, wenn nicht, dreht sie Ihnen und der Belegschaft, ohne mit der Wimper zu zucken, den Hahn zu. Dieses schwierige und sensible Verhältnis zu pflegen erfordert ein rigoroses und nachhaltiges Einladungsprogramm zum Mittagessen. Ein dünner Vorstandsvorsitzender ist demnach ein sicheres Anzeichen dafür, dass sich ein Unternehmen auf dem Weg zum Konkursverwalter befindet. Vorstandsvorsitzende sind auch für ihre strategische Weitsicht bekannt. Nach einem besonders ausführlichen Mittagessen sieht ein Spitzenvorstandsvorsitzender mitunter sogar alles doppelt.

Vorstandsvorsitzende vermitteln häufig den Eindruck, mit Materien befasst zu sein, die derart erhaben seien, dass sie unser Fassungsvermögen schlicht überstiegen. Tatsächlich verbringen sie ihre Tage mit der Beantwortung von Briefen, in denen sich kleine Leute mit einem lächerlichen Problem an den Vorstandsvorsitzenden eines Unternehmens wenden, weil die Kundendienstabteilung unmöglich damit behelligt werden kann. Um der Wahrheit die Ehre zu geben: Eigentlich sind Vorstandsvorsitzende lediglich große Firmenweihnachtsmänner, die alten Damen ihre Wünsche erfüllen, indem sie Managern der mittleren Führungsebene einen Anschiss verpassen.

Wie man seinen Chef beeindruckt

Angesichts der Unzahl realexistierender Riesenschwachköpfe immer und überall auf der Welt besteht statistisch eine sehr hohe Wahrscheinlichkeit, dass Ihr Chef ebenfalls ein Riesenschwachkopf ist. Sofern Sie nicht wollen, dass auf Ihrem Grabstein die Inschrift «Er arbeitete für einen Schwachkopf» steht, werden Sie Mittel und Wege finden müssen, wie Sie Ihren Chef umgehen und alles ignorieren, was er tut und sagt. Das nennt man «upward management» oder auch Vorgesetztenmanagement.

Beim Umgehen des Chefs sollten Sie nie die Kraft grundloser Schmeicheleien unterschätzen. Sind Sie imstande, Aufrichtigkeit zu simulieren, können Sie durchaus davonkommen mit Sätzen wie: «Das sind aber schöne graue Schuhe, Mr. Dunne, und Klettverschlüsse sind ja so praktisch.» Sobald

Sie sich daran gewöhnt haben, Ihren Chef zu Tätigkeiten zu beglückwünschen, die auch ein lernbehinderter Affe im Schlaf erledigen könnte, können Sie zu gezielteren Schmeicheleien übergehen. Die fetten Vergleiche mit Gates / Churchill / Moses kriegt er jedoch nur dann, wenn er etwas tut, das tatsächlich in Ihrem unmittelbaren Interesse liegt.

Upward management für Fortgeschrittene heißt, den Chef Ihres Chefs so im Griff zu haben, dass Ihrem Chef die Hebel seiner eigenen Macht seltsam nutzlos vorkommen. Fortgeschrittenes upward management kann sich bis auf die oberste Ebene erstrecken. Wer sich darauf versteht, ist theoretisch in der Lage, das Unternehmen von der Poststelle aus zu leiten. Tatsächlich ist bemerkenswert, wie viele anscheinend unbedeutende Poststellenbedienstete behaupten, genau dies zu tun.

Vergessen Sie nie, dass Ihr Chef einen weitaus schwereren und bedeutenderen Job hat als Sie. Am allermeisten wünscht er sich von Ihnen, dass Sie für ihn gar nicht existieren, abgesehen vom jährlichen Beurteilungsgespräch, wo er überprüft, ob Sie noch am Leben sind. Idealerweise sollten Sie Ihren Job völlig unabhängig von ihm erledigen, ohne ihn jemals mit Problemen oder, noch schlimmer, Vorschlägen zu behelligen.

Obwohl Ihr Chef erheblich kompetenter und wichtiger ist als Sie, wird er gelegentlich Schwierigkeiten mit seinem Job haben. Also wird alles, was Sie tun, um ihm diesen zu erleichtern, sehr gut ankommen. Die beste Methode hierfür ist, seine Schwächen auszugleichen. So können etwa Marketingleiter ein Ende des Finanzplans nicht vom anderen unterscheiden. Entsprechend könnten IT-Chefs nie eine Büroparty organisieren, und wenn ihr Leben davon abhinge. Machen Sie diese Jobs zu Ihren Jobs.

Management zerfällt in zwei Teilbereiche: mit Sachen fertig werden, die unmittelbar anstehen (Planung), sowie mit solchen, die bereits passiert sind (Panik). Chefs mögen es, Dinge zu erfahren, lange bevor sie passieren. Das erlaubt ihnen, in die Planungsphase einzugreifen, das heißt, eine schlechte Idee zu stoppen oder die Lorbeeren einzufahren, wenn es eine gute Idee ist. Für Sie fällt dabei immerhin die Rückendeckung in der Panikphase ab, wenn alles schiefgeht, weil Ihr Chef an der Planung beteiligt war.

Manager lieben es, wenn man sie nach ihrem Wissen und ihren Erfahrungen fragt, weil es unterstellt, dass sie a) Erfahrungen gemacht haben, durch die sie b) über Wissen verfügen. Sprechen sie über ihre Erfahrungen, dann stellen sie dabei deutlich unter Beweis, dass sie nichts wissen, was wiederum Ihr Befinden verbessert. Und selbst wenn sie irgendetwas wissen – dieses Wissen mit Ihnen zu teilen bedeutet, dass sie ein wenig von ihrem Biss verloren haben. Fragen Sie einfach immer weiter, binnen Wochenfrist werden Sie Ihnen ihr gesammeltes Wissen erschöpfend mitgeteilt haben.

Nett zu seinem Chef zu sein ist die schnellste und einfachste Methode, ihn zu Tode zu erschrecken. Wenn Sie Ihren Chef zum Mittagessen, auf einen Drink oder auch nur eine kleine Runde um den Block einladen, denkt er augenblicklich drei Dinge: Der will kündigen, der hat rausgefunden, was für ein lausiger Manager ich bin, der will mich erpressen. Stellt sich heraus, dass nichts davon zutrifft, wird Ihr Chef zutiefst erleichtert sein und eine herzliche Zuneigung zu Ihnen verspüren. Das ist oft der richtige Moment, eine Gehaltserhöhung anzusprechen.

Ehrgeiz

Im Berufsleben existieren zwei Varianten von Ehrgeiz: Die eine zielt darauf ab, aus dem Nichts einen Weltkonzern aufzubauen und vor dem dreißigsten Geburtstag Milliardär zu werden; die zweite ist auf eine jährliche Gehaltserhöhung von fünf Prozent und einen Firmenwagen aus. Die erste Variante ist gewöhnlich einfacher und macht erheblich mehr Spaß, weil Sie im zweiten Fall womöglich Ihr ganzes Leben darauf verschwenden, jemandem fünf Prozent mehr abzuluchsen, dessen eigenes Lebensziel darin besteht, Ihnen immer um fünf Prozent voraus zu sein.

In der guten alten Zeit der Lebensstellungen hieß Ehrgeiz schlicht, der Person unter einem aufs Dach zu steigen, um der Person über einem die Schuhe zu küssen. Heute ist im Büro niemand mehr ehrgeizig, weil alle so an ihrem Team hängen, dass sie einfach keine Beförderung wollen, selbst wenn ihnen eine angeboten würde.

Ehrgeiz hat im Berufsleben etwas von einem Schimpfwort. In einer Sitzung zu sagen, man sei sehr, sehr ehrgeizig, ist ungefähr so, wie zu einem Rendezvous zu gehen und zu sagen, man sei sehr, sehr geil. Das mag zwar stimmen, aber in keinem der beiden Fälle ist sehr wahrscheinlich, dass Sie auch nur einen Deut schneller an das kommen, was Sie wollen. Andererseits ist die Aussage, man sei überhaupt nicht ehrgeizig, in einem Bewerbungsgespräch ungefähr gleichbedeutend damit, dass man sich bereits in den inneren Ruhestand verabschiedet hat.

Ein interessantes Phänomen ist blinder Ehrgeiz. Er wird von Leuten praktiziert, die einfach nur vorwärtskommen wollen, ganz egal, ob sie sich nun in der Text- oder in der Fischverarbeitung befinden. Sie setzen ihre gesamte Energie ins Aufsteigen, kennen dabei aber eigentlich nie genau die Richtung. Erst wenn sie am Schluss im Wipfel des Baumes anlangen, wird ihnen klar, dass sie den falschen hinaufgeklettert sind.

Wie man Beachtung findet `

Im Beruf voranzukommen heißt, bemerkt zu werden, doch hartes Arbeiten macht einen nahezu unsichtbar. Deshalb ist es besser, hart daran zu arbeiten, Beachtung zu finden. Eine der schnellsten Methoden besteht darin, in Ihrer Firma berühmt für Ihre guten Ideen zu werden. Glücklicherweise heißt das nicht, dass es sich dabei um Ihre eigenen handeln muss (wenn Sie irgendwie gut im Ideenhaben wären, hätten Sie nicht Ihren gegenwärtigen Job). Der Trick besteht darin, das Verdienst für die Ideen anderer selbst zu beanspruchen.

Die Japaner bauen ihr komplettes Wirtschaftssystem darauf auf, uns Ideen zu stehlen und die Lorbeeren dafür einzuheimsen, es gibt also keinen Grund, warum nicht auch Sie ein paar Ideen klauen und damit an Ihrer eigenen Karriere basteln sollten.

Das Topmanagement sieht nichts lieber als ein mittleres Management, das Anzeichen von Eigeninitiative zeigt sowie die Bereitschaft, freiwillig Aufgaben zu übernehmen. Der Hauptgrund dafür ist, dass, je mehr die mittleren Führungskräfte freiwillig übernehmen, das Topmanagement desto weniger selbst erledigen muss. Natürlich sind die freiwillige Übernahme von Aufgaben und deren Erledigung zwei vollkommen verschiedene Dinge. Sobald Sie die Anerkennung für die freiwillige Übernahme bekommen haben, gehen Sie so weit wie nur irgend möglich auf Abstand zu dem Projekt, bevor die eigentliche Arbeit losgeht. Das klappt am besten, indem Sie sich freiwillig für ein anderes Projekt melden.

Topmanager sind insofern Manager wie alle anderen, als ihr Hauptaugenmerk stets nach oben gerichtet ist. Sie wollen mit Leuten reden, die über ihnen stehen und von ihnen bemerkt werden. Deshalb ist es sinnvoll, sich anzugewöhnen, mit Topmanagern sehr ungezwungen zu verkehren. Plaudern Sie mit ihnen im Aufzug und auf dem Parkplatz und sprechen Sie sie immer mit dem Vornamen an. Dann werden sie natürlich annehmen, Sie stünden auf gleicher Stufe mit ihnen, und wenn Ihr Name im Zusammenhang mit Gehalt, Beförderung etc. fällt, werden sie sich an Sie erinnern und es Ihnen angemessen vergelten.

Trotz Bequemschuhen und einer Vorliebe für Topfpflanzen übt die Personalabteilung innerhalb eines Unternehmens erhebliche Macht aus. Ihre Mitarbeiter verbringen eine Menge Zeit damit, den Rest der Belegschaft zu lieben, und wünschen sich nichts sehnlicher, als von ihr wiedergeliebt zu werden. Was natürlich nie geschieht, weil sie wegen der Bequemschuhe und der Topfpflanzen kein Mensch ernst nimmt. Sollten Sie es sich allerdings zu Ihrem besonderen Anliegen machen, ein Loblied auf die Personalabteilung zu singen – unter besonderer Berücksichtigung der kompletten Geldverschwendung für deren jüngsten Workshop «Visionen und Werte» –, wird man sich zum Zeitpunkt der Bonuszuteilungen und Beförderungen an Sie erinnern.

Ein sehr spezielles Instrument, auf sich aufmerksam zu machen, ist die Betriebszeitung. Niemand glaubt, dass sie zu etwas nütze ist, aber alle lesen sie. Außerdem sind ihre Herausgeber immer verzweifelt auf der Suche nach Themen. Packen Sie die Gelegenheit beim Schopf und schreiben Sie einen Kommentar. Dabei kommt es nicht darauf an, wie bizarr oder an den Haaren herbeigezogen Ihre Meinung ist, solange die Rechtschreibung stimmt. Sorgen Sie dafür, dass der Artikel mit einem Foto von Ihnen erscheint, und Sie werden staunen, wie viele Leute das registrieren. Zugleich wird jedermann verblüfft sein, dass Sie eine Meinung haben, und Sie für einen Meinungsführer und/oder Topmanager halten.

Alle trinken Kaffee. Wer nicht, hat im Berufsleben eigentlich nichts verloren. Allerdings mag es niemand sonderlich, Kaffee zu kochen oder sich mit dem Getränkeautomaten auseinanderzusetzen. Jemandem freiwillig einen Kaffee zu holen ist deshalb ein schneller Weg zu Macht und Einfluss. Sobald Sie erst mal raushaben, dass jemand seinen halb und halb oder mit Milch ohne Zucker will, können Sie ihn im Gegenzug so ziemlich über alles ausfragen. Es ist außerdem eine gute Methode, um Leute auszusondern, deren Karriere sich auf dem absteigenden Ast befindet – also jeder, der Suppe bestellt.

Beurteilungsgespräche

Ein Beurteilungsgespräch ist ein Meinungsaustausch mit Ihrem Vorgesetzten. Man nennt es Meinungsaustausch, weil Sie mit Ihrer Meinung hineingehen und mit der Ihres Chefs wieder rauskommen. Bei einem Beurteilungsgespräch setzen Sie sich mit Ihrem Gruppenleiter zusammen und pflichten ihm in allem bei, was er sagt: was für ein hervorragendes Teammitglied Sie sind, wie sehr man Ihren Beitrag schätzt, welch ungeheures Potenzial Sie haben und dass es Ihnen in Anerkennung all dessen gewiss nichts ausmacht, wenn man Ihr Gehalt zusammenstreicht.

Beurteilungsgespräche finden einmal im Jahr statt, in der Regel eine Woche nachdem Sie einen Millionenschaden verursacht haben, als Ihnen Ihr Kaffee in den Großrechner der Firma kippte. Denken Sie daran, dass ein Beurteilungsgespräch nicht der geeignete Moment für Witze ist. Wenn Sie gefragt werden: «Was würden Sie als Ihre persönlichen

Stärken beurteilen?», vermeiden Sie unbedingt die Antwort: «Was zum Teufel geht Sie das an?» Vergessen Sie auch nicht, wie wichtig Körpersprache ist. Ein Beurteilungsgespräch auf den Knien und mit gefalteten Händen zu beginnen kann leicht als mangelndes Vertrauen ausgelegt werden.

In ihrem Übermaß an freier Zeit hat sich die Personalabteilung eine neue Art von Beurteilungsgespräch ausgedacht. Sie nennt es «360-Grad-Beurteilung» – die so heißt, weil sie einer maximalen Anzahl von Personen Gelegenheit bietet, Ihnen in den Rücken zu fallen. Manche Firmen haben ein Faible für etwas, das sich «Selbstbeurteilung» nennt. Darunter ist nicht etwa eine mehrstündige Sitzung vor dem Spiegel zu verstehen, bei der man sich vorsagt: «Tony, alter Junge, du bist ein bekloppter Idiot.» Vielmehr bedeutet es, dass Sie einen ebenso ausführlichen wie erbarmungslosen Blick auf all Ihre Stärken und Schwächen werfen, um anschließend alle Schwächen einfach zu ignorieren, bis auf Ihren «Perfektionismus», versteht sich.

Vergessen Sie in einem Beurteilungsgespräch keinesfalls, nach einer Beförderung zu fragen, denn wenn Sie nicht fragen, kriegen Sie auch keine. Es empfiehlt sich allerdings auch, nicht zu vergessen, dass Sie bei Nachfrage wahrscheinlich ebenso wenig eine bekommen. Alles in allem wenig überraschend, schließlich fragen Sie nach dem Job Ihres Chefs.

Wenn Sie in ein Beurteilungsgespräch gehen, überlegen Sie vermutlich, wie Sie Ihre Karriere vorantreiben können. Gehen Sie getrost davon aus, dass Ihr Chef das Gleiche tut – nämlich überlegen, wie er die seine vorantreiben kann. Über das Jahr wird er all die zähen, ungenießbaren Teile seines Jobs gesammelt haben und Sie Ihnen nun als besondere Leckerbissen präsentieren. Wie man weiß, gibt es im Berufsleben keine Probleme, sondern nur Chancen, für Beurteilungsgespräche gilt jedoch das genaue Gegenteil: Bietet man Ihnen hier eine große Chance, wissen Sie sofort, dass Sie ein Riesenproblem haben.

Hat man ein mieses Jahr hinter sich, ist das Beurteilungsgespräch nichts, worauf man sich freut. Der beste Ansatz ist in diesem Fall eine ausgewogene Mischung aus unterwürfiger Verteidigung und katzbuckelnder Speichelleckerei, etwa in der Art: «Mein Respekt vor Ihnen ist so groß, dass mich das manchmal abgelenkt hat, wodurch es zu dieser ununterbrochenen Kette von Bockmist kam, der meine Leistungen in diesem Jahr auszeichnet.» Interessanterweise ist es eigentlich genauso schwierig, Beurteilungsgespräche zu führen, wie ihnen ausgesetzt zu sein. Das Geheimnis besteht darin, Kritik mit Anerkennung zu mischen. Etwa so: «Du hast eine ganze Menge Fehler gemacht, Martin, aber wir erkennen an, dass du sie nur deshalb gemacht hast, weil du ein Volltrottel bist.»

Beförderung

Befördert zu werden hat ein paar höchst mysteriöse körperliche Begleiterscheinungen. Als Erstes beeinflusst es Ihr Sehvermögen, und Sie erkennen plötzlich, aus was für einem

Haufen nichtsnutziger Drückeberger der Rest Ihres Teams besteht. Es erhöht auch Ihre Atemfrequenz, sodass Sie in Sitzungen zehn Prozent mehr Sauerstoff aufnehmen. Nach einer Beförderung versuchen die meisten unter Beweis zu stellen, dass sie diese verdient haben, und mutieren für die nächsten drei Monate zum Betriebsnazi des Jahres, bis ihnen die Luft ausgeht oder sie zügig wieder zurückversetzt werden.

Beförderung sollte nie mit Eigenwerbung verwechselt werden. Letztere besteht darin, dass Sie so lange jedem erzählen, wie großartig Sie seien, bis Ihre Firma irgendwann beschließt, sie hätte Sie einfach nicht länger verdient. Bringen Sie Beförderung auch nicht mit Absatzförderung durcheinander. Dabei handelt es sich um Versprechungen aalglatter Typen, die ihre Firma zu einer globalen Supermarke machen wollen, indem sie ihr Logo auf einen Schlüsselanhänger aus Plastik stanzen.

Im Geschäftsleben braucht man exakt sieben Beförderungen, um an die Spitze eines Unternehmens zu gelangen. Sollten Sie binnen eines Jahres dreimal befördert worden sein und noch immer denselben Vorgesetzten haben, ist irgendetwas nicht ganz geheuer.

Dass Sie eine wirklich tolle Beförderung ergattert haben, merken Sie, wenn Sie es sich auf einmal leisten können, ein weiteres Kind zu bekommen. Leider werden Sie nicht eher Zeit finden, es zu zeugen, als bis Sie sich von Ihrem stressbedingten Nervenzusammenbruch erholen müssen. Fallen Sie nie, nie, nie auf den Satz herein: «Wir geben Ihnen eine

ordentliche Beförderung, aber Ihr Gehalt wird dasselbe bleiben.» Das ist in ungefähr das Gleiche wie: «Ich mag Sie wirklich, aber nicht so.»

2 Teams, Teamleiter und Sekretärinnen

Menschenführung

Menschenführung ist im Geschäftsleben enorm wichtig. Jeder wünscht sie sich und ist bereit, jedem zu folgen, der sagt, er wisse, wo's langgeht.

Um Menschen zu führen, müssen Sie deshalb eine Vorstellung haben, wohin Sie wollen. Im Berufsleben heißt ein solches Ziel «Vision», im Alltagsleben «Fata Morgana». Wenn Sie irgendwohin fahren, ist es immer einfacher, einen Ort anzusteuern, an dem Sie schon mal waren. Genauso verhält es sich auch im Arbeitsleben, weshalb Sie darauf achten sollten, dass Ihre Vision zu irgendetwas führt, das sie bereits kennen. Das wird Ihren Job und den aller anderen erheblich erleichtern. Entwickeln Sie also eine Vision im Stil von «Wir wollen in einer bestimmten Provinzgegend unbedingt Branchenvierter werden».

Um Ihre Vision zu verwirklichen, müssen Sie sich ein Team aufbauen, das sie teilt. Natürlich teilt niemand die Vision eines anderen, es sei denn, er hätte selbst keine. Deshalb müssen Sie ein Team zusammenstellen, in dem keiner eine Vision erkennen kann, selbst wenn sich in seinem Badezimmer eine vor ihn hinstellte. Was Sie brauchen, sind Leute, die wissen, wo sie im Beruf hinwollen, nämlich Schlag fünf nach Hause. Zum Glück besteht auf dem Arbeitsmarkt keinerlei Engpass an solchen Leuten, weshalb Ihr Team gespickt damit sein wird. Und bis fünf Uhr können Sie die führen, wohin Sie wollen.

Baden-Powell, der Gründer der Pfadfinderbewegung, hat gesagt, er würde nie jemanden um etwas bitten, das er nicht selbst auch tun würde. Mit seinem Mumm und seiner Überzeugung hat er Generationen junger Menschen dazu gebracht, kurze Hosen und Halstuchringe zu tragen. Auch Sie können ein Beispiel geben, damit Ihr Team Ihnen folgt. Sie können ihm beispielsweise zeigen, wie sehr Sie ihm vertrauen und es respektieren, indem Sie ihm einen ordentlichen Batzen harter Arbeit überlassen. Dann kann es Ihrem Beispiel folgen und den ordentlichen Batzen harter Arbeit angehen, weil ja keiner mehr übrig ist, auf den man ihn abwälzen könnte.

Im Geschäftsleben gibt es eine Redensart, wonach man Trompete nicht zögerlich spielen kann. Deshalb lässt man bei Kriegsgedenkfeiern auch nicht Kinder den Zapfenstreich blasen. Entsprechend wird Ihr Team Ihre visionäre Botschaft nicht vernehmen können, sofern Sie diese nicht laut und deutlich kundtun. Die einfachste und kostengünstigste Methode ist, zu brüllen. Das ist in einer Eins-zu-eins-Situation möglich, vielleicht sogar in einer 360-Grad-Ansprache, bei der Sie das Teammitglied in einem enggezogenen Kreis brüllend umrunden. Sie können aber auch eine Besprechung einberufen und das gesamte Team in einem Aufwasch anbrüllen. Denken Sie daran, ihr ein Motto zu geben, etwa «Gemeinsam gewinnen».

Ein Team motiviert zu halten ist ein Fulltime-Job (deshalb müssen Sie ihm ja auch den Großteil Ihrer Arbeit übertragen). Dabei sind Menschen ganz unterschiedlich zu motivieren. Sicherlich, bei vielen ist es Geld, es gibt jedoch zahlreiche andere, denen ein kleines Wort des Dankes reicht, um auf Jahre frohgemut vor sich hin zu arbeiten. Vergewissern Sie sich, dass Sie Ihr Team aus dieser letzten Gattung rekrutieren, und stellen Sie zusätzlich eine personalbteilungsmäßig aussehende Person ein, die ständig reihum geht und allen dankt. Das spart Tausende Euro im Jahr.

Führungskraft zu sein ist manchmal eine einsame Angelegenheit. Auf Ihren Schultern lastet eine Menge Verantwortung: Sie müssen einen Maßanzug tragen, weswegen die Teammitglieder ohne Verantwortung Sicherheitsschuhe anziehen müssen. Hin und wieder werden Sie Entscheidungen zu treffen haben, die sich auf den Lebensunterhalt, die Zukunft und das Familienleben von Menschen auswirken. Hier ist es notwendig, wahre Weisheit und Demut zu zeigen und die Entscheidung Ihrem Vorgesetzten zu übertragen.

Reden wie eine Führungskraft

Was manche Leute irrtümlich als Geschäftsjargon bezeichnen, ist für Führungskräfte ein unverzichtbares Instrument. Es handelt sich genau genommen um eine spezielle Sprache, damit sie schnell und effizient miteinander kommunizieren können, insbesondere per Handy im Zug.

Ein berufsbezogener Gedankengang unterscheidet sich von einem gewöhnlichen dadurch, dass am Ende berufsbezogener Gedanken immer ein «weiteres Vorgehen» steht. Im Geschäftsleben dreht sich schließlich alles um Wachstum, Weiterkommen und Expansion, und das erreicht man nicht durch Rückwärtsgehen. Dass Sie selbst ein Mensch sind, der in seiner Karriere zielstrebig vorangeht, können Sie Ihren Kollegen ganz einfach dadurch bewusst machen, dass Sie allem, was Sie sagen, abschließend ein «weiteres Vorgehen» hinzufügen.

Im Geschäftsleben wimmelt es von Organigrammen, in denen es seinerseits von Kästchen (Macht) und Ellipsen (Fußvolk) wimmelt. Es gibt drei Dinge, die man mit Kästchen anstellen kann. Man kann sie abhaken, ankreuzen oder außerhalb von ihnen darüber sinnieren. Die schlechteste Variante ist, in einem Kästchen sitzen zu müssen, das zwar niemand angekreuzt hat, über das man aber trotzdem nachzudenken versucht. Niemand weiß wirklich, was innerhalb der Kästchen eigentlich genau stattfindet. Was wir dafür sicher wissen, ist, dass außerhalb der Kästchen jede Menge blauer Himmel ist, in dem man träumen kann. Die runden

Kästchen heißen Silo, und dort drinnen geht es ungefähr genauso gefährlich zu.

Führungskräfte lieben nichts mehr, als voranzugehen, doch sollte dies stets im Verbund mit anderen Führungskräften geschehen. Das beste Mittel hierfür ist, im Chor zu singen. Allerdings ist es außerordentlich wichtig, sich im Liederbuch auf der gleichen Seite zu befinden und nach Möglichkeit in der gleichen Sprache zu singen. Oft wird darin Stimmungsmusik angestimmt, bei der es lebenswichtig ist, aufeinander eingespielt zu sein. Die Position während des Singens ist entweder seitlich oder mittendrin. Obwohl es durchaus gut ist, irgendwie mit an Bord zu sein, heißt das aber noch längst nicht, dass man dadurch in eins der begehrten Kästchen kommt.

Um Spitzenführungskraft zu werden, müssen Sie ungefähr doppelt so viel über Geld nachdenken wie über Sex. Dennoch dürfen Sie das Wort Geld im Geschäftsleben nie erwähnen, da dies den Eindruck vermitteln könnte, es seien nicht die übliche Steigerung des Wohls der Menschheit und die Sorge um die Umwelt, die Sie antrieben. Stattdessen sollten Sie sich auf Wertschöpfung und Steigerung der Gewinnspanne konzentrieren. Der effiziente Einsatz von Kapital, Investitionen und Ressourcen hilft Ihnen dabei, Ihren Bruttoverdienst sowie Ihre Renditen oder Zinserträge zu erhöhen, und wenn Sie Glück haben, schaffen Sie es vielleicht sogar auf die Sonnenseite.

In der Geschäftswelt entwickeln sich die Dinge entweder gut oder gehen völlig daneben. Letzteres bedeutet, dass sich ein Projekt oder die Firma statt nach vorne in die entgegengesetzte Richtung bewegt. Nach einer Zeit anhaltender Negativentwicklung geht alles den Bach runter oder in Extremfällen gar in die Hose. Es könnte auch gleich zu Beginn irgendwer Scheiß gebaut haben, was dann dazu führte, dass die Sache in die Hose ging. Diese beiden Wendungen benutzen Sie allerdings besser nicht in einem Atemzug. Kritik üben heißt im Berufsleben, einen heißen Brei zu finden, um den man geflissentlich herumredet. Um keine Gefühle zu verletzen, empfiehlt sich die Methode der «wohlwollenden Evaluierung», die genauso höllisch wehtut wie Beschuss durch die eigene Seite.

Führungskräfte werden nie gefeuert. Dann würden sie ganz schön in der Klemme stecken. Stattdessen werden sie outgesourct, abgebaut, abgehängt, versetzt, ins Abseits befördert, auf natürlichem Wege verschlissen, oder sie scheiden unfreiwillig freiwillig aus. So haben viele Leute große Unternehmen verlassen, weil man ihnen attraktive Abfindungspakete anbot (akzeptieren Sie niemals Pakete, die Sie nicht selbst geschnürt haben oder an denen Sie sich nicht eigenhändig zu schaffen machen konnten).

Dem Kunden dienen ist nichts, was einen Betrieb voranbringt. Um wirklich das Optimum herauszuholen und seine Chancen auszureizen, sollten Kunden erst mal Stakeholder und ihre Erwartungen danach übertroffen werden. Dafür tun Topführungskräfte mehr, als von ihnen erwartet wird, indem sie sich in ihre Kundschaft hineinversetzen. Und denken Sie daran, der Kunde ist König (es sei denn, er ist eine Frau).

Zum Abschluss: Im Geschäftsleben lässt sich mittels subtilen Austauschs von Worten genau dasselbe sagen – bei vollkommener Bedeutungsänderung. Beispiel: «Wann können Sie ein Treffen einrichten?», «Wir sollten uns unbedingt treffen» und «Nett, dass wir uns getroffen haben».

Ärsche

Sie glauben vermutlich, der schlagkräftigste und beliebteste Begriff im Arbeitsleben sei Geld. Falsch. Tatsächlich ist es etwas viel Näherliegendes. Es ist der einfache Arsch, und die Büros sind voll davon.

Ein dummer Arsch ist jemand, der bewusst etwas Idiotisches macht, wohingegen ein blöder Arsch Idiotien begeht, weil er es schlicht nicht besser weiß. Als kleinkarierten Arsch bezeichnet man jeden mit einem fanatisch aufgeräumten Schreibtisch, der nie eine Runde schmeißt und gewöhnlich so aussieht, als lutsche er eine Essigzwiebel. Clevere Ärsche sind alle unter dreißig, die in der IT-Abteilung arbeiten. Vor allem lästige Ärsche sind ebenfalls sehr verbreitet. Es handelt sich dabei um jemanden, der einem erst im Nacken sitzt und nervt, bis er als eine Art Dauerschmerz das Rückgrat weiter runterwandert und zum Arschkrampen mutiert.

Im Büro gibt es keine legitime Entschuldigung dafür, sich als Arsch aufzuführen. Tut man es doch und macht einen Fehler, ist ganz schnell die Kacke am Dampfen. Wenn Sie fortgesetzt Fehler machen, könnten Sie feststellen, dass Sie

Ihren Arsch riskieren und Ihr Chef (der lästige Arsch) Sie zu einem ernsten Gespräch bittet, in dem er Sie ermahnt, Ihren Arsch in Bewegung zu setzen. Es ist sehr wichtig, an diesem Punkt nicht arschig zu reagieren, andernfalls werden Sie sich ganz schnell draußen auf Ihrem Arsch wiederfinden. Wenn Sie keinen Bock darauf haben, dass Ihr Boss Ihnen Dampf unterm Arsch macht, können Sie natürlich jederzeit zu der hochriskanten Option greifen, ihm zu erklären, er könne Sie mal am Arsch lecken.

Um im Berufsleben voranzukommen, müssen Sie den Arsch hochkriegen oder ihn einfach in Bewegung halten. Die einzige Ausnahme hiervon ergibt sich, wenn Sie zufällig zu den wenigen Menschen gehören sollten, die glauben, ohnehin einen Platz an der Sonne erwischt zu haben. Es empfiehlt sich im Allgemeinen nicht, sich damit zu brüsten, es sei denn, ein ganzer Strom von Menschen könnte sich in Ihrem Lichte sonnen. Tun Sie es doch, besteht die echte Gefahr, dass die Leute annehmen, es müsse nun auch etwas entsprechend Bemerkenswertes passieren und dass Sie Scheiße labern.

Arsch zu haben bedeutet im Berufsleben nicht unbedingt etwas Schlechtes. Der Trick besteht darin, dass Sie Ihren Arsch von Ihren Ellbogen unterscheiden können, und nicht in den Ruf geraten, Sie gehörten zu der Sorte Mensch, die einen Arsch für ein Gesicht hält. So umgeht man die Verlegenheit, sich einen Arsch voll Probleme einzuhandeln, vom Arsch auf die Schnauze zu fallen und generell der Arsch vom Dienst zu sein. Keinesfalls sollten Sie auch versuchen, zu clever im Beruf zu sein, da Sie sich damit ernsthaft der Gefahr aussetzen, dass man Ihnen vorwirft, Sie wollten Ihren eigenen Arsch zum Maß aller Dinge erklären. Sobald man einmal begriffen hat, wie wichtig der Arsch im Geschäftsleben ist, kann es eigentlich niemanden mehr überraschen, dass die übergeordnete Sorge der allermeisten Beschäftigten darauf abzielt, ihren Arsch im Trockenen zu halten.

Teambildung

Zu Teambildungen kommt es immer dann, wenn die Geschäftsleitung beschließt, dass angesichts des 250 Millionen teuren neuen Firmensitzes alle mal eine Weile an der frischen Luft verbringen sollten. Für die Teambildung stellt man eine Gruppe von Leuten zusammen, die im Büro nicht gut zusammenarbeiten, verfrachtet sie irgendwohin in den Schlamm und lässt sie eine Reihe Psychospielchen und Leibesübungen absolvieren, die beweisen, dass sie auch außerhalb des Büros nicht miteinander klarkommen.

Bei Aufgaben wie Flussüberquerungen muss einer das Kommando übernehmen. Wenn Sie schnell und ohne nass zu werden über den Fluss kommen wollen, überlassen Sie das einer Sekretärin. Bedauerlicherweise wird Ihr Chef jedoch genau bei dieser Gelegenheit beweisen wollen, dass er der Chef ist, indem er eine Überquerung organisiert, die den Büroalltag nachstellt, das heißt, alle stehen bis zum Hals in eiskaltem Wasser, während der Chef wie ein aufgescheuchtes Huhn am Ufer herumspringt und versucht, wichtige strategische Entscheidungen zu treffen. In der Regel ist jetzt der Punkt gekommen, an dem ein Typ aus dem Vertrieb, der bereits ein Angebot von einer anderen Firma hat, aus Versehen das Seil loslässt und der Chef als Erster mit dem Kopf unter Wasser gerät.

Eine sehr beliebte Freiluftmaßnahme ist auch Paintball: Hier zeigt sich sehr schnell, warum man den Vertriebstypen niemals in die Nähe von Kunden lassen sollte. Denken Sie immer daran, ein paar kleine Farbdöschen mitzubringen. Mit denen können Sie hinter einen Baum verduften, sich ein bisschen damit einschmieren und am Schluss so tun, als ob Sie das gesamte Teamgeist-Ding wirklich vorangebracht hätten.

Nichts ist auch nur annähernd so erschreckend, wie seinen Chef bei einer Teambildungsveranstaltung in Freizeitkluft auflaufen zu sehen. Er wird Jeans tragen, die aussehen, als hätten sie in den Fünfzigern zur Standardausrüstung der griechischen Marine gehört. Noch alarmierender ist es, wenn Ihr Chef «nur ein einfaches Teammitglied» sein möchte, ohne sich darüber im Klaren zu sein, dass das Einzige, was ein Team zusammenhält, das unerbittliche Kritisieren und schonungslose Parodieren des Chefs ist.

Natürlich werden alle Spannungen dieses Tages beim abschließenden Kneipenbesuch bald vergessen sein, wenn der Chef seine Fähigkeit unter Beweis stellt, ein kleines Glas süßen Likör in sechs oder sieben Schlucken hinunterzuschütten. Hinreichend beschickert wird er daraufhin so etwas Cooles tun wie Led Zeppelin in der Musikbox anklicken und anfangen, mit den Fingern zu schnippen, woraufhin alle aufspringen, weil sie denken, sie sollten irgendwas erledigen.

Die Lektionen, die man bei einer Teambildungsveranstaltung lernt, sind nie die, die man lernen sollte. So ist eine ausgewachsene Meuterei beispielsweise eine phantastische Übung für das Zusammengehörigkeitsgefühl. Auch scharfe Munition wirkt Wunder bei Teambildungsaufgaben und erzeugt fast auf der Stelle Rückendeckungsverhalten. Denken Sie daran, nach der Rückkehr ins Büro niemals etwas anzuwenden, das sie da draußen gelernt haben. Vertrauensübungen wären in einer Vorstandssitzung vollkommen fehl am Platz.

Stellenabbau – Teambildung andersrum

Leute feuern ist, wie einem Erschießungskommando anzugehören. So ist es eindeutig sehr traumatisch, den Abzug zu betätigen, wenn auch nicht ganz so traumatisch, wie erschossen zu werden. Die meisten Führungskräfte versuchen, sich die Sache leichter zu machen, indem sie vorgeben, sie hätten nichts damit zu tun, und alles im Konjunktiv sagen, etwa: «Es wurde beschlossen, Sie hätten zu gehen», oder: «Es sieht so aus, als verließen Sie uns.» Deutlich hilfreicher wäre, wenn sie einem den wahren Grund für den Rausschmiss mitteilten: «Wir entlassen Sie als Personalchef, Victor, weil Sie Menschen hassen.»

Freiwilliges Ausscheiden ist, wenn man Ihnen einen gewaltigen Batzen Geld dafür anbietet, sich selbst zu entlassen. Hätte man Ihnen diese Summe schon vorher gezahlt, hätten Sie wahrscheinlich auch vernünftige Arbeit abgeliefert. Dennoch, für einen Manager, der glaubt, Kapitän auf dem glücklichsten Schiff der Welt zu sein, ist es eine hübsche Lektion zu entdecken, dass jedes einzelne Mitglied seines Teams das freiwillige Ausscheiden beantragt hat und alle schon seit dem Morgengrauen für die Formulare Schlange stehen.

Führungskräfte jammern, die beiden stressigsten Faktoren ihrer Arbeit seien der Büroklüngel und Leute entlassen. Dabei könnten sie den Stress reduzieren, indem sie einfach beides miteinander verbinden: «Ich stimme dem, was Sie in der Sitzung gesagt haben, nicht zu, Toby, deshalb sind Sie gefeuert.» Kündigungen wären auch lange nicht so stressig, wenn Führungskräfte ein bisschen Spaß daran hätten. So könnten sie Ihr Kündigungsschreiben auf Postergröße hochziehen und an der Rezeption aufhängen oder eine Überraschungsabschiedsparty für Sie schmeißen, mit bunten Luftballons, auf denen steht: «Sie sind Geschichte, Mr. Parsons.»

Auf jeden Fall ist Leute rauswerfen nicht so aufreibend, wie welche einzustellen. Wenn Sie jemandem Grässliches kündigen, verschwindet er endlich, stellen Sie jemanden Grässliches ein, müssen Sie fortan mit Ihrem Missgriff leben, weil er Ihnen jahrelang durchs Büro entgegengrinst. Bis Sie ihn feuern.

Macht und Bevollmächtigung

Es gibt zwei Formen von Macht im Berufsleben. Die erste ist die Macht, Dinge zu verwirklichen, neue Projekte anzustoßen und Spaß zu haben. Pro Unternehmen verfügt ungefähr eine Person über diese Macht, und das ist die ganz an der Spitze mit der fetten Lohntüte und dem breiten Grinsen. Die zweite Form der Macht besteht darin, Leute abblitzen zu lassen und ihnen das Leben zur Qual zu machen. Diese Macht ist weit verbreitet, und jeder mittlere Manager versucht zu erreichen, dass es mehr Leute gibt, die er abblitzen lassen kann, als solche, die ihn abblitzen lassen können.

Sollten Sie je an einer Sitzung teilnehmen, in der merkwürdige Dinge vor sich gehen, die offenkundig nichts mit der vorliegenden Sache zu tun haben, läuft wahrscheinlich gerade ein Machtspielchen. Männer lieben nichts mehr als den «Kampf der Titanen im Sitzungszimmer um die grundlegende Strategie». Frauen haben eine zutreffendere Bezeichnung für diese Form von Verhalten: «Schwanzvergleich».

Macht im Berufsleben bemisst sich daran, wie schnell Sie die Firma ruinieren könnten, wenn Sie es darauf anlegten. Personalabteilungen beschäftigen sich mit nichts anderem, doch sosehr sie sich auch anstrengen, die meisten Firmen scheinen ziemlich fröhlich weiterzubestehen. Die Macht der Personalabteilung ist mithin gleich null.

Allerdings schlägt sich Macht im Berufsleben nicht unbedingt in einem entsprechenden Gehalt nieder. Die Poststelle beispielsweise kann eine Firma wochenlang lahmlegen, nur so aus Spaß. Die Liquiditätsprobleme vieler Unternehmen lassen sich gewöhnlich zu irgendwem in der Poststelle zurückverfolgen, der alle eingehenden Schecks unter sein Schreibtischbein zu klemmen pflegt, damit der Tisch nicht mehr wackelt, wenn er den Kopf darauf legt und ein Nickerchen hält.

Heutzutage ist jeder im Geschäftsleben zu irgendwas bevollmächtigt, aber manche sind bevollmächtigter als andere. Bei Jobs ohne Macht kommt man sich vor wie bei einer Fahrt in der ersten Reihe eines Doppeldeckerbusses. Man kann zwar sehen, wo es hingeht, hat darauf aber keinen Einfluss, und wenn eine niedrige Brücke kommt, ist man der Erste, den es den Kopf kostet.

Echte Bevollmächtigung heißt, dass Sie entscheiden, was Sie tun und wann Sie es tun. Genau genommen ähnelt das auffällig der Arbeitslosigkeit und kann ein Trick der Firma sein, Sie auf eine bevorstehende Kündigung vorzubereiten. In Ihrem eigenen Interesse sollten Sie deshalb Ermächtigungen aller Art stets energisch entgegenwirken.

Sekretärinnen

Sperrte man sämtliche leitenden Angestellten des Landes in einen Raum, wäre alles, was dabei herauskäme, eine Auswahl lukrativer Aktienoptionen für sie selbst und ein bisschen belangloses Firmengeschwafel für die Finanzwelt. Würde man ihnen dagegen nur eine einzige vernünftige Sekretärin zur

Seite stellen, kriegten sie vielleicht etwas Brauchbares zustande. Deshalb ist es für Sekretärinnen sehr schwer, selbst Manager zu werden. Nicht dass sie Managerjobs nicht könnten, sondern weil Manager ohne Sekretärinnen Managerjobs nicht könnten.

Wenn Information Macht ist, sind Sekretärinnen so etwas wie das Elektrizitätsnetz der Bürowelt. Besonders versiert sind sie im Einsatz des Telefons zur Steuerung von Menschen, Informationen und Macht. Manchmal liegt das daran, dass sie stundenlang mit ihrem Freund telefonieren, sodass alles andere zum Erliegen kommt. Andererseits haben gute Sekretärinnen das Talent, ihre Chefs so wirkungsvoll vor Anrufen und unerwünschten Terminen abzuschirmen, dass er oder sie schon fünf Jahre tot sein könnte, und keiner hätte etwas bemerkt. Erfahrene Sekretärinnen schließen ihre Chefs gelegentlich von neun bis fünf in deren Büro ein und erzählen jedem, sie dürften nicht gestört werden, weil sie an «Strategieplanungen» säßen. Derweil hocken diese Chefs hinter ihren Schreibtischen und fragen sich, warum die Tür abgeschlossen und das Telefon tot ist.

Viele traditionelle Funktionen von Sekretärinnen sind im Aussterben begriffen. Sachkenntnis bezüglich der Keksvorliebe des Chefs etwa gehört der Vergangenheit an. Wenn heutzutage ein Chef präzisiert, welche Kekssorte er möchte, lautet die wahrscheinliche Antwort einer Sekretärin: «Und in welche Öffnung hätten Sie die gern geschoben?» Überdies erledigen inzwischen moderne Fotokopierer neunzig Prozent der früheren Sekretärinnenarbeit, also das Zusammentragen, Ordnen und Verwandeln üblicherweise unsinniger Vorlagen leitender Angestellter in druckreife Dokumente. Diese positiven Entwicklungen lassen Sekretärinnen mehr Zeit für das, was sie am besten können: den Laden leiten. Man sollte stets bedenken, dass hinter jedem Geschäftsführer auf dem Golfplatz eine einfache Sekretärin steht, die ein großes Unternehmen führt.

Einige Sekretärinnen sind nur Aushilfskräfte. Der Unterschied zwischen einer Aushilfskraft und regulären Büroangestellten besteht darin, dass eine Aushilfskraft weiß, dass sie nur befristet beschäftigt ist. Es gibt zwei Arten von Aushilfskräften: Die erste ist höchst souverän, hat den Job schon nach einer Stunde im Griff und die Arbeit einer ganzen Woche noch vor dem Mittagessen erledigt. Am Nachmittag macht sie dann ein paar äußerst effiziente Vorschläge zur Verbesserung des Gesamtbetriebs und geht früh nach Hause, weil nichts mehr zu tun ist. Die erste Frage der zweiten Art von Aushilfskraft lautet: «Was ist das für ein komisches Klingelgeräusch?» Dann muss man ihr erklären, wie ein Telefon funktioniert, und nach nur einem Tag intensiver Einweisung kann man zu einfachen Computerfertigkeiten übergehen, etwa dem Einschalten des Geräts.

Häufig kommt es unter Bürosekretärinnen zu kleinen Rivalitäten hinsichtlich ihrer Tippgeschwindigkeiten. In jedem Büro gibt es eine, die behauptet, es auf 120 Wörter pro Minute (WpM) zu bringen. Erstaunlicherweise ist das immer diejenige, deren Fingernägel sogar einem Säbelzahntiger Angst einjagen würden. Sie kann tatsächlich in diesem Tempo tippen, was dabei herauskommt, strotzt allerdings derart von Fehlern, dass der Text aussieht wie die erste Strophe der polnischen Nationalhymne. Sie werden außerdem feststellen, dass jene Sekretärinnen, die für sich in Anspruch nehmen, über 100 WpM zu schaffen, dieselben sind, die auf 10 MApT kommen – das steht für zehn Minuten Arbeit pro Tag.

Sekretärinnen haben viele sonderbare und erstaunliche Fähigkeiten. Eine davon ist, dass sie imstande sind, extrem lange Schriftstücke absolut fehlerfrei abzutippen, jedoch nicht die geringste Ahnung haben, worum es darin geht. Eine weitere Begabung zeigt sich in der Unterzeichnung von Briefen ihres Chefs in seiner Abwesenheit. Es kann ziemlich beunruhigend sein, sich so etwas wie die amerikanische Unabhängigkeitserklärung einmal genauer anzuschauen und zu entdecken, dass etliche der Unterschriften in etwa so lauten: Clare Howe i. A. George Washington.

Für Leute, die an Textverarbeitungssysteme gewöhnt sind, grenzt es an ein Weltwunder, wie Sekretärinnen es in der Vergangenheit geschafft haben, mit Schreibmaschinen zu arbeiten. Ein großes P zu tippen hieß, mit dem kleinen Finger acht Gramm zu stemmen, und das Schreiben eines durchschnittlichen Briefes entsprach einer Stunde Gewichtheben.

Chefvorgaben

Chefs verwechseln ein Diktat zu geben häufig damit, ein Diktator zu sein. Das ist ein simpler Fehler, und da viele

Chefs ziemlich simpel sind, begehen sie ihn häufig. Sekretärinnen sollten sich vor Augen halten, dass es ein paar Dinge gibt, die ihre Chefs niemals von ihnen verlangen dürfen. Die meisten davon werden durch die Konvention zum Schutz der Menschenrechte und die Genfer Konvention abgedeckt, es bleiben allerdings etliche Vorgaben, die zwar legal, aber völlig unsinnig sind.

Zum Beispiel sollten Chefs nie von Ihnen verlangen, eine Sitzung mit mehr als zwanzig Personen zu organisieren. Das ist leicht erbeten, aber unmöglich hinzukriegen. Die einzige Möglichkeit, die Teilnahme an einer derartigen Sitzung zu garantieren, besteht darin, sie in Barbados abzuhalten und für sämtliche Kosten aufzukommen. Doch selbst dann ist unwahrscheinlich, dass alle zum festgesetzten Termin verfügbar sind. Ähnliches gilt für das Organisieren von Reisen. Hierbei sollten Chefs Sie niemals bitten, ihnen einen Flug zu buchen, der bereits gestartet ist.

Auch sollten sie nie von Ihnen verlangen, Kaffee zu kochen, nachdem sie Ihnen zwei Minuten vorher etwas unglaublich Dringendes zu erledigen gegeben haben. Sollten sie regelmäßig auf derlei bestehen, gibt es eine gute Methode, ihnen das abzugewöhnen: Verbinden Sie beide Aufgaben gewissenhaft miteinander, indem Sie ihre lebenswichtigen Schriftstücke mit den olympischen Ringen versehen – aus Kaffeetassenabdrücken. Und wenn sie Ihnen einen megawichtigen Tippauftrag erteilen, sollten sie in ihrem eigenen Interesse dafür sorgen, die Vorlage nicht in einer Handschrift abzuliefern, die an ein EKG erinnert.

Begehen Sie niemals den Fehler zu glauben, dass Ihre Sekretärin, nur weil sie auch persönliche Assistentin heißt, dafür da sei, Ihnen bei Ihren Privatangelegenheiten zu assistieren. Bitten Sie Ihre Sekretärin zum Beispiel nie darum, ein Geschenk unter zehn Euro für Ihre Gattin zu besorgen, das zugleich aufmerksam, liebevoll und einfühlsam ist. Sollte ihr das allerdings gelingen, fragen Sie lieber nicht, weshalb sie die fünfhundert Dokumente noch nicht gebunden hat, die Sie ihr zwei Stunden zuvor gegeben haben. Und wenn Sie Ihrer Sekretärin achtzehnmal am Tag «dringende Sachen» zu erledigen geben, wird sie Ihre Auffassung von «Dringlichkeit» ihrer eigenen anpassen – und die Dinge am «Sankt-Nimmerleins-Tag» erledigen. Schließlich sollten Sie Ihre Sekretärin niemals mit irgendwelchen Büroinstandsetzungsarbeiten beauftragen, wie etwa die Küche neu zu verkabeln, Teppichfliesen zu verlegen oder für das Gesamtunternehmen ein neues Computersystem zu installieren.

Sekretärinnen lieben es, zum Mittagessen zu gehen. Dort wollen sie eine Vielzahl lebenswichtiger persönlicher Angelegenheiten erledigen, also mit anderen zurechnungsfähigen Menschen Dampf ablassen und sich, so sie die Zeit finden, ein Sandwich besorgen, das sie dann an ihrem Schreibtisch verzehren. Die Mittagspause ist deshalb nicht der Zeitpunkt, an dem sie gerne irgendwohin geschickt werden, um all *Ihre* lebenswichtigen persönlichen Angelegenheiten zu erledigen, etwa die Wette auf das Pferderennen um Viertel nach drei in Newbury. Geben Sie Ihrer Sekretärin nie einen Auftrag nach siebzehn Uhr in der Erwartung, er sei bis zum nächsten Morgen um acht erledigt. Verblüffenderweise hat sie nämlich ein Leben, in dem Sie und Ihre Papierberge nicht vorkommen.

Die einzig wasserdichte Methode (neben sich tot stellen), störenden und unnötigen Ansinnen Ihres Chefs zu entgehen, besteht darin zu sagen, dass Sie, wie belanglos und unnütz das Anliegen auch immer sein möge, es von Herzen gern erledigen würden, nur seien Sie bedauerlicherweise restlos mit einem noch belangloseren und unnützeren Auftrag *seines* Chefs beschäftigt.

3 Jobs antreten und aufgeben

Jobsuche

Einer der Gründe, warum so viele Leute im Büro arbeiten, ist, dass sie sich auf Stellen bewerben, die «Leitungsfunktionen» versprechen, was eigentlich nichts anderes heißt als «eine Reihe verwirrender Aufgaben». Stellenanzeigen zu lesen, wenn man schon einen Job hat, ist ungefähr so, wie als Verheirateter Kontaktanzeigen zu lesen. Um sich das abzugewöhnen, genügt es, sich zu vergegenwärtigen, dass jeder angebotene Job seinen letzten Inhaber zur Kündigung oder in den Selbstmord getrieben hat.

Einige bewerben sich nie auf eine Stellenanzeige, weil sie glauben, es gäbe mindestens fünfzig perfekt qualifizierte und bemerkenswert gut aussehende Mitbewerber. Sie können ganz beruhigt sein, schauen Sie sich doch einfach mal in Ihrem derzeitigen Büro all die unfähigen Auf-die-Uhr-Gucker an und machen Sie sich klar: Jeder Einzelne von denen war zum Zeitpunkt seines Bewerbungsgesprächs einmal erste

Wahl für den Job. Schon allein deshalb ist dieser Konkurrenzkampf so blödsinnig.

Das Erste, worauf Leute bei einem Job schauen, ist die Bezahlung. Deshalb kann man die Stelle eines Geschäftsführers mit einem Jahresgehalt von 278 000 Euro ausschreiben, und es bewerben sich scharenweise Klempner, Teppichleger und Bibliotheksassistenten. Als Nächstes wird auf die Adresse geschaut. Liegt die Firma in der tiefsten Provinz, könnte das Gehalt auch 695 000 Euro betragen, es würden sich trotzdem bloß ein Häufchen Industriearchäologen und Leute rühren, die dort geboren und aufgewachsen sind und deshalb eine Immunität dagegen entwickelt haben. «Bis zu 62 000 Euro» heißt, das kriegen Sie, wenn Sie eine Herunterstufung von 83 000 Euro akzeptieren. Andernfalls sind es 41 000 Euro. Auch die Größe der Stellenanzeige spielt eine Rolle. Die ganzseitige Farbanzeige in einer großen überregionalen Zeitung ist wahrscheinlich lohnender als das kleine Kästchen in Ihrem Regionalblatt, das verspricht: «Schnelles Geld in kurzer Zeit». Um sich nach allen Seiten abzusichern, sollten Sie sich trotzdem auf beide bewerben.

Oft ist schwer zu erkennen, worin der Job genau besteht. Beachten Sie die Tätigkeitsbeschreibung erst gar nicht, es sei denn, es handelt sich um etwas Hochspezielles wie Steinmetz oder Schiffsmakler. Ignorieren Sie alles, worin Begriffe wie spannend, Marketing, leitend, Umgang mit Menschen etc. auftauchen. Das sind alles Abkürzungen für Verkäufer hinter Doppelglas auf 12 000-Euro-Basis mit Provision. «Alle üblichen Zulagen» hingegen ist ein Synonym für enges Büro, vergammelte Teppichböden, Kaffee aus dem Automaten, erdrückende Arbeitsauslastung, Mistkerl von Chef, hormongesteuerte Sekretärin und gewaltigen Stellenabbau alle sechs Monate. Legen Sie nach wie vor Wert auf Drogen und Partys, ist es wahrscheinlich reine Zeitverschwendung, sich auf eine Stelle zu bewerben, in der das Wort Präsident vorkommt (mögliche Ausnahme: US-Präsident).

Der Lebenslauf

Der Lebenslauf vermittelt Arbeitgebern einen ersten Eindruck von Ihnen, deshalb ist es unerlässlich, ihn anständig hinzubekommen. Was nicht heißt, dass Sie versuchen sollten, Eindruck zu schinden. Sie müssen einfach gut rüberkommen, allerdings nicht zu gut. Schreiben Sie Ihren Lebenslauf so, wie Sie eine Kontaktanzeige schreiben würden, polieren Sie Ihre ein oder zwei guten Eigenschaften ein bisschen auf und breiten Sie über alle anderen den Mantel des Schweigens. Sieht es mit großartigen Leistungen ein bisschen mau bei Ihnen aus, schlüsseln Sie einfach Ihre derzeitige Stellenbeschreibung auf, die grundsätzlich viel besser klingt als das, was Sie im Job tatsächlich zustande bringen. Wenn die in Lebensläufen beschriebenen Menschen wirklich existierten, würde es in der Berufswelt von hochgebildeten, mehrsprachigen, PC-versierten, teamfähigen Perfektionisten nur so wimmeln anstelle dieser Horde ausgebrannter Analphabeten, die einem im wirklichen Leben begegnet.

Legen Sie nie ein Foto bei, wenn es nicht ausdrücklich verlangt wird. Sie werden keinem Menschen gefallen, es sei denn, Sie sähen wirklich hinreißend aus, und sollte dem so sein, wird man unterstellen, Sie seien dick. Sind Sie gezwungen, ein Foto mitzuschicken, durchforsten Sie nicht Ihr Fotoalbum nach der tollen Aufnahme von Ihnen beim Rafting in Botswana. Wer derlei nötig hatte, von dem wird man annehmen, er sähe normalerweise wohl ziemlich mitgenommen aus. Der beste Trick ist ein Automatenpassbild. Auf denen sieht jeder bescheuert aus, und Ihre Gesprächspartner werden deshalb so lange nach dem Motto «im Zweifel für den Angeklagten» verfahren, bis sie Sie leibhaftig vor sich sehen.

Neben Ehegelöbnissen sind Antworten auf die Frage nach Ihrem letzten Gehalt das Verfänglichste überhaupt. Das Ganze hat was von einem Lügendetektortest. Sagen Sie die Wahrheit, wird man denken, dass Sie angesichts der in Ihrem Lebenslauf aufgeführten Megaleistungen erbärmlich unterbezahlt waren. Lügen Sie dagegen, besteht die Gefahr, dass man Ihnen erklärt, Sie seien für den Job leider überqualifiziert. Die beste Strategie ist deshalb, mit den gleichen Mitteln zu kämpfen wie Ihr Gegenüber und zu sagen, Ihr bisheriger Job habe ein attraktives Paket von Zulagen mit einem Zielgehalt von 347 000 Euro geboten. Jedermann weiß dann, dass Sie 39 000 Euro plus Auto hatten.

Viele Arbeitgeber verlangen noch immer Empfehlungsschreiben, obwohl dieses Genre mehr Fiktion produziert als sämtliche Kurse für kreatives Schreiben zusammen. Bei einem Empfehlungsschreiben haben Sie die Wahl: Sie können es entweder von netten Leuten verfassen lassen und damit bewirken, dass es völlig ignoriert wird, oder Sie bitten Ihren lokalen Bischof / Fußballtrainer / Big-Brother-Promi darum, um Ihre Bewerbung ein bisschen aufzupeppen. So oder so wird höchstwahrscheinlich keine von beiden gelesen, denn die einzigen Berufsgruppen, deren Empfehlungsschreiben wirklich mit Interesse zur Kenntnis genommen werden, sind Babysitter und Spezialisten für Terrassenvergrößerungen.

Den größten Teil seines Lebenslaufs kann man gern mit den üblichen faustdicken Übertreibungen beim letzten Bruttogehalt und den guten, alten Lügen spicken, doch ein Abschnitt erfordert besondere Vorsicht: «Hobbys». Geben Sie keinesfalls Wandern und Lesen an wie alle anderen, da könnten Sie genauso gut Atmen und Furzen nennen. Strikt vermeiden sollten Sie auch, den Eindruck zu erwecken, Sie führten ein besonders interessantes Leben, indem Sie glamouröse Dinge wie Snowboarden, Radpolo oder Nackt-Bungee-Jumping aufführen. Machen wir uns nichts vor: Wenn Sie all diese sexy angesagten Dinge wirklich täten, wieso sollten Sie sich dann für eine Karriere in der Compliance- oder Überwachungsabteilung interessieren?

Die Auflistung Ihres Ausbildungsweges sollte am Anfang beginnen und sich chronologisch vorwärtsarbeiten. Aber gebrauchen Sie Ihren gesunden Menschenverstand. Wenn Sie über einen Harvard-Abschluss verfügen, ist es nicht erforderlich, die zwei Sternchen anzuführen, die Sie im Kindergarten von Mrs. Barlow für den Stegosaurus aus Eierkartons bekommen haben. Ein bisschen Mühe sollten Sie sich auch mit den einschlägigen Erfahrungen geben, die in Lebensläufen stets erwartet werden. Lassen Sie sich dadurch bloß nicht aus der Fassung bringen, Erfahrungen hat schließlich jeder – der Kniff ist, sie relevant zu machen. So schließt Ihre Tätigkeit als Wartungsbeauftragter für Kopierer genau genommen eine Menge Erfahrungen im Personal- und Finanzwesen, IT-Bereich und in der Logistik ein, schließlich haben Sie in all diesen Abteilungen Kopiergeräte gewartet.

Im Durchschnitt gehen auf jede Stellenanzeige etwa 300 000 Antworten ein. Es ist schon die Hälfte der Miete, zu verhindern, dass der eigene Lebenslauf auf der Stelle ausgemustert wird. Sofort in den Müll wandern: farbiges Papier, ausgefallene Schrifttypen, Lebensläufe, in denen irgendwo das Wort «Psychopath» auftaucht, und solche von Personen, die gerade aus der ausgeschriebenen Stelle rausgeflogen sind, sowieso. Der Trick besteht also darin, einen so undurchschaubaren Jargon zu treffen, dass man Sie einladen muss, um festzustellen, ob Sie tatsächlich cleverer sind als man selbst.

Headhunter

Traditionelle Kopfjäger im Urwald arbeiten so: Sie spüren Sie auf, schrumpfen Ihren Kopf und machen daraus einen hübschen Anhänger. Moderne Headhunter dagegen spüren

Sie auf, setzen Ihnen Flausen in den Kopf und machen Ihnen ein hübsches Jobangebot.

Headhunter ist ein echt guter Name für einen Beruf, er klingt hart und männlich. Die Tätigkeit von Headhuntern ist eigentlich kaum mehr als eine Art berufliches Fangenspielen mit Abküssen statt Abschlagen. Dennoch können sich Headhunter als nützliche Variante erweisen, um unliebsame Personen aus Ihrer Firma zu beseitigen. Beim nächsten Anruf eines Headhunters geben Sie ihm einfach eine Liste mit Leuten, die Sie gern loswerden wollen, einschließlich Ihres Chefs, und warten ab, wie vielen von ihnen Sie bei ihrer «beruflichen Weiterentwicklung» helfen können.

Zahlreiche Berufstätige arbeiten in randständigen, unaufregenden und praktisch unsichtbaren Bereichen wie Informationstechnologie, Ablaufplanung und Personalentwicklung. Sollten Sie dazugehören, müssen Sie sich unbedingt auch Verkaufs- und Marketingkenntnisse aneignen, andernfalls werden Sie proportional zu Ihrem Erfolg in der Firma immer unaufregender und unsichtbarer. Marketingleute wechseln den Job häufiger als alle anderen, weil sie vormittags die Firma vermarkten und nachmittags sich selbst.

Ablaufplanung und IT erregen, genau wie die Bahn, nur Aufmerksamkeit, wenn etwas zusammenbricht. Auf jeden Red Adair in der Ölindustrie, dem man Millionen dafür zahlt, dass er Feuer löscht, kommt ein armes Schwein, das rausfliegt, weil es den Brand aus Versehen verursacht hat. Merke: Headhunter interessieren sich nur für Leute, die Dinge in Ordnung bringen, nicht für solche, die welche kaputt machen.

Wenn Ihnen ein Totalversager seine Visitenkarte gibt, ist es immer am besten, sie zu behalten. Zunächst einmal können Sie so Ihre Rollkartei mit Namen und Adressen spicken und dem Rest des Büros weismachen, Sie seien der innerbetriebliche Umschlagplatz für internationale Verbindungen. Von größerer Bedeutung ist jedoch, dass Sie diese Namen an verzweifelte Headhunter weitergeben können. Denken Sie immer daran, dass Headhunter mit einem veralteten Branchenverzeichnis von zugigen Bahnhofstelefonzellen aus arbeiten, sie werden also bestürzend dankbar für jedwede Unterstützung Ihrerseits sein.

Sollten Sie sich schon einmal gefragt haben, wer eigentlich die Branchenmagazine liest, die am Empfang Staub ansetzen, nun, es sind Headhunter. Sie sind nämlich ihre einzige Möglichkeit, an Informationen darüber zu gelangen, welche Unternehmen kurz davor sind, sich mit einem leistungsstarken Feldstecher ins Gebüsch zu hocken (das tun sie selbst natürlich auch, allerdings als Freizeitbeschäftigung). Sorgen Sie deshalb dafür, dass alles, was an Positivem in Ihrem Berufsleben geschieht – und sei es, dass Sie Ihre Kaffeetasse ohne Überschwappen an den Schreibtisch zurückgebracht haben –, im Branchenmagazin unter der Rubrik «Köpfe und Karrieren» zu lesen ist.

Der beste Zeitpunkt, selbst einen Headhunter zu kontaktieren, ist, wenn Sie einen phantastischen Job haben, der Ihnen wirklich Spaß macht. Dann sind Sie nämlich genau die Sorte erfolgreiche, zielstrebige Person, hinter der sie her sind. Vergessen Sie nie, dass die Leute an der Spitze dorthin gelangt sind, weil sie eine Reihe echt guter Jobs aufgegeben haben und nicht weil sie daran festgehalten haben. Umgekehrt werden Headhunter Ihren Anruf nicht entgegennehmen, wenn Sie sich in einer «Karrierepause» befinden. Und sollten sie es ausnahmsweise doch tun, sorgen Sie wenigstens dafür, dass der Fernseher nicht zu hören ist, der tagsüber bei Ihnen im Hintergrund läuft.

Techniken des Bewerbungsgesprächs

Im tiefsten Innern ihres Herzens wissen die allermeisten Leute, die einen Job haben, dass ein Affe ihn ebenso gut erledigen könnte. Dabei ist das Schwierigste an jedem Job natürlich, ihn überhaupt erst mal zu kriegen. Das liegt an einer Einrichtung namens Bewerbungsgespräch, einer Kreuzung aus Blind Date und der spanischen Inquisition.

Bewerbungsgespräche beginnen damit, dass man an die Tür klopft. Lektion eins lautet demnach sicherzustellen, dass man an die richtige Tür klopft. Sich mental auf den großen Auftritt vorbereitet zu haben und dann im Besenschrank zu verschwinden ist keine Art, eine Karriere in der Hochfinanz zu beginnen.

Sobald man im richtigen Zimmer ist, sollte man als Nächstes die Tür schließen, dabei aber unter gar keinen Umständen den darin befindlichen Personen den Rücken zukehren. Denn der Sekundenbruchteil, in dem Sie es doch tun, genügt dem Leiter des Bewerbungsgremiums, um die Augenbraue hochzuziehen, und den weiteren sechs Mitgliedern, um Ihren Namen mit einem fetten Kreuz auszuixen. Von da an könnten Sie wer weiß was für einen Lebenslauf haben und würden den Job trotzdem nicht bekommen.

Als nächste entscheidende Maßnahme müssen Sie vermeiden, sich zu setzen. Sollten Sie jemals ferngesehen haben, wissen Sie, dass echte Topleute ihre Jacketts ausziehen, mit hinter dem Rücken verschränkten Armen ans Fenster treten und hinausstarren, als hätten sie gerade eine Vision. Hängen Sie also Ihr Jackett über den Stuhl und gehen Sie in Richtung dieses Fensters. Wenn man Ihnen daraufhin den Job nicht anbietet, ist dies nicht das kreative, angesagte Unternehmen, das Sie verdient.

Sollten Sie sich setzen müssen, versuchen Sie Ihren Stuhl direkt vor den Tisch zu manövrieren, hinter dem der Befrager sitzt. Er wird den seinen instinktiv zurückrücken und nun seinerseits derjenige sein, der auf dem einsamen Stuhl im Nirgendwo sitzt. Ab jetzt sind Sie dran. Fragen Sie ihn über seinen Job aus und schließen Sie mit: «Danke, dass Sie gekommen sind, wir melden uns dann bei Ihnen.»

Verträge

Sobald Sie die Bewerbungsgesprächsphase durchlaufen haben und man Ihnen einen Job angeboten hat, müssen Sie im Normalfall einen Arbeitsvertrag unterschreiben. Verträge sind die Minenfelder des Firmenlebens, sobald Sie mal einen haben, können Sie keinen Muskel mehr rühren, ohne einen lebenswichtigen Körperteil zu verlieren.

Wenn es eine Vertragsform gibt, die fast jeder einmal unterschreibt, dann ist es der Arbeitsvertrag. Seltsamerweise macht sich aber kein Mensch die Mühe, ihn zu lesen. Deshalb dürfen Sie sich auch nicht beschweren, wenn sich irgendwann herausstellt, dass eine seiner Klauseln Sie dazu verpflichtet, Ihre Erstgeborene dem Leiter der Finanzabteilung zu opfern. Selbst unverfängliche Klauseln bergen kleine legale Wendungen, auf die Sie ein Auge haben sollten: «Der Beschäftigte arbeitet von neun bis fünf (oder sich zu Tode), ganz nach Ermessen der Geschäftsführung.»

Alle Arbeitsverträge bestehen aus drei Seiten: Auf Seite eins, wo man zu lesen beginnt, geht es um Zulagen, auf Seite drei, wo man unterschreibt, um Urlaub. Und auf Seite zwei, die man überblättert, darum, dass man der Firma seine Seele verpfändet. Achten Sie mal darauf, wenn Sie einen kleinen Scherz darüber machen, der Firma «Ihr Leben zu verschreiben», wie die Leute von der Personalabteilung kurz auflachen und Ihnen den Vertrag schnell wegziehen.

Das Kleingedruckte in Ihrem Vertrag sagt Ihnen eine Menge über die Firma, in der Sie arbeiten werden – verräterische Formulierungen wie «der Beschäftigte, im Folgenden ‹nichtsnutziger Gehaltssklave› genannt». Sollten Sie sich Gedanken darüber machen, ob ein unterzeichneter Vertrag juristisch bindend sei, fragen Sie sich einfach, ob Sie es sich leisten könnten, ein Team von Topanwälten anzuheuern, die Sie da rauspauken. Könnten Sie das, ist er es nicht. Eine gute Faustregel für Vertragsunterzeichnungen: Wenn Ihnen der erste Paragraph verbietet, alle weiteren zu lesen, sollten Sie sich mit dem Unterschreiben Zeit lassen.

Einarbeitung

Die Einarbeitungszeit in einer neuen Firma ähnelt stark dem Geburtsvorgang: Man versucht, in einem schmerzhaften, chaotischen und arbeitsintensiven Prozess schnell irgendwohin zu gelangen, bevor man realisiert, dass man besser dort geblieben wäre, wo man hergekommen ist.

An Ihrem ersten Tag im Büro werden Sie gewöhnlich durch den Betrieb geführt und allen vorgestellt. Diejenigen, deren Namen Sie sich merken können, verlassen die Firma am nächsten Tag. Mit der ersten Person, die Sie anspricht, freunden Sie sich an und haben dann die nächsten vierzig Jahre damit zu tun, sie wieder loszuwerden. Und zum Mittagessen führt Sie ein Chef aus, der haargenau so ist wie der Chef, dessentwegen Sie bei Ihrer letzten Firma gegangen sind.

In einigen fortschrittlichen Betrieben sieht die Einarbeitung auch eine Einführung in die Unternehmensphilosophie vor. Zu diesem Zweck überreicht man Ihnen eine wunderhübsche kleine Broschüre, in der dargelegt wird, wie kreativ, dynamisch und vor allem sozial die Firma sei, und dann sperrt man Sie drei Stunden in eine dunkle Kammer, um sie zu lesen, bis irgendwer sich Ihrer erbarmt und sich um Sie kümmert. Manchmal umfasst die Einarbeitungszeit auch

Einweisungen. Meistens jedoch nicht, und Sie finden sich plötzlich bei etwas wieder, das «on-the-job-training» heißt und nichts anderes bedeutet, als sich mit der guten alten Trial-and-Error-Methode etwas ziemlich Komplexes wie die Wiederaufbereitung von Atommüll anzueignen.

Bisweilen müssen Sie sich auch ein Begrüßungsvideo ansehen, in dem Darsteller in altmodischen Klamotten und mit ulkigen Frisuren auf Sie einreden, als wären Sie gerade aus einer Operationsnarkose aufgewacht. Sie halten das so lange nur für ein reichlich altes Video, bis Sie Ihre Arbeitskollegen in den altmodischen Klamotten und mit den ulkigen Frisuren kennenlernen.

Kündigung

Es gibt viele Möglichkeiten, seinen Job aufzugeben. Die bei weitem einfachste ist, zu sterben, weil dadurch das Ausfüllen der Steuererklärung, das Aufräumen Ihres Schreibtischs und die peinliche Abschiedsparty entfallen. Ihrem Chef einfach zu erklären, dass Sie die Firma verlassen, ist heikel, denn es pflegt alles Schlechte, was man schon die ganze Zeit über Sie dachte, zu bestätigen. Bemühen Sie sich deshalb um eine Redeweise, die man benutzen würde, wenn man *Ihnen* kündigte: «Ich bedaure, dass Sie mich werden gehen lassen müssen», oder: «Ich rationalisiere meinen Geschäftsbereich und bedaure, dass ich für diese Firma leider keine Verwendung habe.»

Sollten Sie zu den Menschen gehören, die leicht die Beherrschung verlieren, tun Sie alles, aber erliegen Sie keinesfalls der Verlockung zu brüllen: «Ich kündige!» Heutige Chefs sind wie Geier, unentwegt ihre Runden drehend und Ausschau nach einer freiwilligen Kündigung haltend. Sie könnten also schon vor der Tür sitzen, noch bevor Sie imstande sind hinzuzufügen: «Nur ein Scherz, Chef.» Machen Sie einen kleinen Realitätstest und werfen Sie einfach mal Ihre gesamten Barbestände und alle Kreditkarten in den Mülleimer – im Resultat entspricht das im Grunde genommen exakt dem, was Ihnen blüht, wenn Sie Ihre große Klappe nicht halten.

Bei einer Kündigung finden Sie zuverlässig heraus, wer Ihre Freunde sind. In der Regel sind es die, mit denen Sie schon zur Grundschule gegangen sind, und die werden auch noch Ihre Freunde sein, wenn Sie im Altersheim leben. Ihre Arbeitskollegen werden Sie aufgrund Ihrer Kündigung zwar für das mutigste, coolste und willensstärkste Individuum der Welt halten, allerdings jeden Blickkontakt mit Ihnen meiden und nie wieder ein Wort mit Ihnen wechseln.

Wie weit Sie es in der Firma gebracht haben, können Sie an der Abschiedsfeier ablesen, die man Ihnen ausrichtet. Handelt es sich um einen Cheeseburger bei McDonald's mit Peter aus der Buchhaltung, hätten Sie schon vor Jahren gehen sollen. Handelt es sich um einen Champagnerempfang, für den keine Kosten und Mühen gescheut wurden, sind Sie für Ihren neuen Arbeitgeber entweder ein echter Glücksgriff, oder die gesamte Firma ist unendlich froh, dass Sie endlich abhauen.

Abschiedsgeschenke sollten in Wahrheit «letzte Spitzen»

heißen. Wenn Ihnen Ihr Chef erklärt: «Wir haben den Hut herumgehen lassen und Ihnen diese Tüte mit kleinen Erfrischungen besorgt», dürfte es außerordentlich schwierig werden, daraus positive Rückschlüsse auf Ihr Ansehen im Büro zu ziehen. Sollte Ihr Abschiedsgeschenk hingegen in einem Gutschein für die öffentliche Rechtsberatung bestehen, sollten Sie sich auf eine ernst zu nehmende Klage wegen Vertragsbruch gefasst machen.

Das Aufräumen Ihres Schreibtischs schließlich liefert Ihnen äußerst deutliche Hinweise auf die Gründe Ihres Ausscheidens. Liegt überhaupt nichts darauf, gehen Sie vermutlich, weil Sie einen besseren Job gefunden und Ihrer Firma alles geklaut haben, was materiell oder elektronisch nicht niet- und nagelfest war. Sollte Ihr Schreibtisch hingegen schon in den letzten drei Jahren Ihres Beschäftigungsverhältnisses immer perfekt aufgeräumt gewesen sein, benötigt die Firma Sie wahrscheinlich tatsächlich nicht mehr. Umgekehrt gilt: Ist das Aufräumen Ihres Schreibtischs die heftigste Schufterei seit Ihrem Arbeitsantritt, gehen Sie möglicherweise, weil auf und in Ihrem Schreibtisch kein Platz mehr für die Ablage Ihrer unerledigten Aufgaben ist.

Aussteiger

Es heißt, überall sei es besser, wo man nicht ist. Wer immer das behauptet, redet Mist. Denn vor die Wahl gestellt, entscheiden sich nur sehr wenige Menschen dafür, irgendwo zu bleiben, wo es schlecht ist. Wenn Sie also friedlich in der IT-Abteilung an Ihrem Computer sitzen und überlegen, wie viel besser das Leben wäre, wenn Sie draußen auf dem Land Bruchsteinmauern hochzögen, denken Sie nochmal nach. Und wenn Sie nachgedacht haben und das immer noch für eine gute Idee halten, gehen Sie in sich und reden mal ein verdammt ernstes Wort mit sich. Sie mögen das ja für eine gute Idee halten, aber diejenigen, die landauf, landab Bruchsteinmauern hochziehen, wissen, dass es eine vollkommene Schnapsidee ist, und würden ihren rechten Arm dafür geben, an Ihrer Stelle zu sein, wenn sie den nicht bereits bei einem grauenvollen Unfall im Steinbruch verloren hätten.

Bruchsteinmauern zu bauen hieße für Sie, dass Sie Ihr eigener Boss sein müssten, dabei wissen Sie besser als jeder andere, wie bockig Sie sind. Für ein nettes Schwätzchen hätten Sie die Wahl zwischen einem Schaf, einem Selbstgespräch oder einem Fußmarsch zum vierundzwanzig Kilometer entfernt wohnenden Nachbarn, der in jedem Fall auch nichts zu erzählen hat. Des Weiteren würde sich Ihr Gehirn proportional zu Ihrer Arbeit mit den Händen in eine breiige Masse verwandeln, und Sie würden sich dabei ertappen, Sachen zu sagen wie: «Abendrot macht's Wetter tot.»

Die schlimmste Seite des Aussteigens besteht allerdings darin, dass man der ausgesprochen realen Gefahr ausgesetzt ist, sich von der finsteren Zwischenwelt des Kunsthandwerks in den Bann schlagen zu lassen. Das Kunstgewerbe ist überall in der westlichen Welt ein Pendant zu Voodoo. Seine Adepten entwickeln eine Art Zwangsverhalten, durch das sie an keinem Stück Altmetall, Holz oder Stoff vorbeigehen können, ohne mit weitaufgerissenen Augen unverzüglich in liebevoller Handarbeit eine Eule daraus zu basteln. Kunsthandwerker halten in derart abgelegenen Landesteilen Ausschau nach Kunsthandwerksmessen, dass die Ortsansässigen bis dahin noch gar keine Chancen hatten, sich über die Resultate ihrer Arbeit lustig zu machen. Dort hocken sie dann den ganzen Tag strickend an ihrem Stand, während der bärtige Typ vom Nachbarstand erklärt, wie er seine inneren Energieströme umleitet, indem er den Riemen seiner Sandale von einem Zeh zum andern schiebt.

Menschen, die ausgestiegen sind und ihr Leben einfacher gestalten, genießen eine übersteigerte Medienaufmerksamkeit. Ihre Geschichten klingen einfach viel zu gut, um die Tatsache zu erwähnen, dass sie eigentlich in Frührente gegangen sind, und zwar mit Bezügen, die um das Fünffache über dem Rentendurchschnitt liegen. Sollten Ihre Durchschnittskollegen einen solchen Ausstieg probieren, würden sie sich sehr schnell auf irgendeinem Komposthaufen wiederfinden, wo sie aus Kohlrüben Eulen schnitzen. Und bevor Sie so enden, können Sie ebenso gut in der IT-Abteilung bleiben.

4 Gehalt und Konditionen

Geld im Berufsleben

Wenn Sie ein Fisch wären und jemand Sie fragte, was Sie von dem vielen Wasser halten, würden Sie vermutlich antworten: «Welches Wasser?» Entsprechend erwidern Büroangestellte, wenn sie von kleinen Kindern und arbeitslosen Schauspielern nach dem vielen Geld gefragt werden: «Welches Geld?» Menschen außerhalb des Geschäftslebens denken, Berufstätige seien besessen von Geld und würden den lieben langen Tag über Geld nachdenken, über Geld reden und die Bäume hegen, auf denen es wächst. Künstler reden ständig übers Geldverdienen und dass sie zu wenig Geld hätten; Büroangestellte hingegen sind pausenlos damit beschäftigt, sich auszudrücken und bleibende Werte zu schaffen. Deshalb gibt es keine glücklicheren Menschen als reiche Künstler und erfolgreiche Erfinder. Andy Warhol hat einmal gesagt, Geschäftserfolg sei die spannendste Form der Kunst, und als anerkannt erfolgreicher Geschäftsmann sollte er es wissen.

Die Forderung «Ich will Geld sehen!» ist fast so vulgär wie die Forderung «Zeigen Sie mir Ihren Schwanz!», wobei Sie mit Letzterer wahrscheinlich deutlich weniger Verlegenheit ernten. Bedauerlicherweise lautet die wahre Antwort auf Erstere: Es gibt gar kein Geld. Geld ist wie der Heilige Gral – jeder hat schon mal davon gehört, aber keiner hat es je zu Gesicht bekommen. Angestellte sehen jedenfalls nie Geld: Sie werden per Gehaltsabrechnung bezahlt, kaufen mit Karte ein und tragen mit ihrer Arbeit zur Wertschöpfung bei – das Einzige, was sie nie erwähnen, ist Geld. Selbst in Personalgesprächen kann man nicht einfach erklären: «Ich will mehr Geld»; vielmehr muss man das möglichst umschreiben, etwa so: «Ich habe den Eindruck, dass mein Salär meine Wertschöpfung nicht widerspiegelt.» Auch darf man einem Kunden niemals sagen, dass ihn das, worum er bittet, Geld kosten wird – vielmehr zieht es Kosten nach sich oder ist, besser noch, eine hochwertige Wahl.

Selbst Menschen, die mit Geld arbeiten, dürfen das nicht zugeben. Es gibt jede Menge Leute mit Jobs als Geldverleiher, Geldverwalter, Geldmacher und Geldraffer, heißen tun sie aber Bankiers, Finanzberater, Unternehmer und Buchhalter. Auch im Geschäftsleben ist das Letzte, was Sie tun, Geld zu verdienen – stattdessen schöpfen Sie Werte, erhöhen Gewinnspannen, stocken Aktienwerte auf, stärken Wettbewerbsvorteile oder steigern den Nettogewinn.

Eigentümlicherweise kann man über Geld und Kunst ausschließlich in der dritten Person sprechen. So ist es völlig akzeptabel zu sagen: «Sie verdient nur Peanuts», oder: «Dieses

Gemälde ist Käse.» Dagegen sind die Formulierungen «Du verdienst nichts» oder «Ihr Gemälde ist Käse» absolut verboten. Sehen Sie sich zu einer Stellungnahme von Angesicht zu Angesicht gezwungen, ist es am geschicktesten, einem Künstler zu erklären, sein Gemälde müsse eine Menge Geld wert sein, und einem Büroangestellten, er müsse jede Menge Befriedigung aus seinem Job ziehen.

Geld in der eigenen Tasche

Es heißt, mit Geld könne man keine Liebe kaufen. Früher ging das sehr wohl, aber Sie bekommen leider die Inflation zu spüren. Geld spricht mit uns, und gewöhnlich sagt es: «Gib mich aus.» Deshalb ist es ausgeschlossen, das Wort «Zahltag» zu hören, ohne auf der Stelle Lust auf einen Einkaufsbummel zu bekommen. Wenn die Leute fünf Tage arbeiten und zwei Wochenendtage frei haben, so liegt das daran, dass man Geld grundsätzlich doppelt so schnell ausgeben kann, wie man es verdient. Ja, es ist sogar so, je geringer ihre Einkünfte sind, desto häufiger gehen sie einkaufen, was erklärt, weshalb die Läden mit Kindern, Rentnern und Habenichtsen verstopft sind. Einkaufen wäre nicht dasselbe, wenn die Dinge mit der Zeit ausgezeichnet wären, die man braucht, um das Geld für sie zu verdienen. Denn diese bestimmte Bluse wäre längst nicht so unwiderstehlich, wenn auf dem Preisschild stünde: «Zwei Arbeitstage plus Kundenbesuch am Arsch der Welt».

In Firmen hängen häufig Leitsprüche an der Wand, die die Geschäftsphilosophie des Unternehmens verkünden. Hingen die Angestellten ihre eigenen Leitsprüche auf, stünde auf den meisten: «Ich brauch das Geld.» Wenn uns allerdings jemand ein ordentliches Gehalt dafür bezahlen würde, den ganzen Tag im Bett zu liegen und sich im Nabel rumzupulen, wären wir natürlich alle in der Werbebranche. Am Tag der Gehaltsüberweisung können Sie förmlich hören, wie Ihr Bankkonto einen Seufzer der Erleichterung ausstößt. Bedauerlicherweise weiß es da noch nichts von Ihrer Kreditkartenabrechnung.

Wie viel man Ihnen zahlt, steht auf Ihrer Gehaltsabrechnung. Nach all den Abzügen bleibt allerdings nicht mehr viel davon übrig. Am schlimmsten sind die Abgaben an das Finanzamt, dorthin geben Sie nämlich Geld ab, wenn Sie welches verdienen, wenn Sie welches ausgeben und wenn Sie welches sparen. Die einzige Möglichkeit, Steuern zu umgehen, besteht darin, bis zu seinem Ableben absolut gar nichts zu tun (aber selbst dann schröpft man Sie mit der Erbschaftssteuer). Des Weiteren sind da die Beiträge zur Kranken- und Arbeitslosenversicherung, die besonders gemein sind, weil es nicht mal einen Nichtinanspruchnahmebonus gibt. Und natürlich noch Ihre Rentenversicherung, die Sie mit Geld im Alter versorgt, damit Sie auch weiterhin schön Steuern zahlen können, bis Sie es endlich in den großen Steuerhimmel geschafft haben.

Des bestgehütete Geheimnis im Büro ist das Gehalt der anderen. Deshalb sind die Leute aus der Personalabteilung auch so süffisant, weil sie genau wissen, wovon Sie leben, und Ihnen gern den Eindruck vermitteln, jeder andere in Ihrer Gehaltsstufe verdiene viel, viel mehr. Was wirklich schmerzt, ist der Umstand, dass das wahrscheinlich stimmt.

Gehalt

Die möglicherweise kleinste, aber intensivste Lustquelle neben Sie-wissen-schon ist die Lohntüte. Nichts ist befriedigender, als einen kleinen braunen Umschlag mit dem gefalteten Inhalt zu bekommen, vor allem wenn es sich bei diesem Inhalt um Bargeld handelt. Lohntüten werden traditionell am Freitag ausgegeben, täte man es am Montag, erschiene am Dienstag kein Mensch mehr zur Arbeit.

Früher trugen Männer ihre Lohntüten nach Hause, händigten sie brav ihren Frauen aus und kriegten ein paar Pfennige für Bier. Daran hat sich bis heute nichts geändert, lediglich dass Männer nun mit neunzig Prozent ihrer Einkünfte brav die Unterhaltszahlungen für ihre Kinder leisten und ein paar Euro zurückbehalten, die wiederum brav als Einkommensteuer abgeführt werden.

Es existieren viele verschiedene Formen der Gehaltsauszahlung. Wenn Sie auf Knien ins Büro Ihres Chefs kriechen und eine halbe Stunde um Ihr Geld betteln müssen, um es dann vor die Füße geknallt zu bekommen, sollten Sie sich allerdings bewusst sein, dass dies nicht der von der Personalabteilung vorgesehenen Standardmethode entspricht. Egal, sollte Ihr Chef Ihnen tatsächlich einen ordentlichen Batzen Geld vor die Füße schmeißen, zögern Sie nicht, so schamlos herumzukriechen, wie Sie wollen.

Heutzutage haben computererstellte Gehaltsabrechnungen die Lohntüte abgelöst, und alles, was Sie bekommen, ist ein kleiner Ausdruck, der Ihnen zeigt, was Sie hätten verdienen können, wenn nicht alles für die Steuer, die Kranken-, Renten- und Arbeitslosenversicherung, Hypotheken und Staatsverschuldung abgezogen worden wäre. Wenn Sie es eilig haben herauszufinden, wie viel Sie tatsächlich ausgezahlt bekommen, suchen Sie nach der kleinsten Zahl auf dem Ausdruck. Das ist Ihre. Geben Sie nicht alles auf einmal aus.

In der Vorweihnachtszeit wird die Aussicht auf eine Zulage äußerst wichtig, vor allem wenn Sie bereits das Doppelte dessen ausgegeben haben, was Sie sich erhofften. Ausgerechnet dann wird man Ihnen mitteilen, dass Sie, statt eine Zulage zu erhalten, auf leistungsbezogene Bezahlung umgestellt werden. Das heißt, Sie erhalten eine Gehaltserhöhung, die eine Frechheit ist, und wenn Sie einen Aufstand machen, wird diese wieder rückgängig gemacht.

Eine goldene Regel des Berufslebens lautet, dass keiner jemals das verdient, was er glaubt, wert zu sein. Sollte beim Öffnen Ihrer Gehaltsabrechnung auch Sie dieses Gefühl beschleichen, seien Sie dankbar, dass man Ihnen nicht das zahlt, was Sie tatsächlich wert sind. Leute an der Spitze der Firmenleiter erhalten sogenannte Anteilsoptionen. Sollten Sie nicht an der Spitze der Firmenleiter stehen, müssen Sie darüber eigentlich nur zweierlei wissen: Anteile werden nicht mit jedem geteilt, und für Sie stellen sie jedenfalls keine Option dar.

Viele Leute glauben, die einzige Möglichkeit, an eine Gehaltserhöhung zu gelangen, sei den Job zu wechseln. Zum Ärgerlichsten im Berufsleben gehört, einen besser bezahlten Job angeboten zu bekommen, und Ihre gegenwärtige Firma will auf einmal genauso viel zahlen. Dann werden Sie sich nämlich fragen, warum man Ihnen das nicht von vornherein gezahlt hat, wenn Sie es doch wert waren. Die Differenz ergibt sich natürlich daraus, dass Ihre derzeitige Firma Ihren wirklichen Wert genau kennt und Ihre neue den ganzen Blödsinn in Ihrem Lebenslauf noch nicht durchschaut hat.

Im Berufsleben ist alles verhandelbar, auch Ihr Gehalt. Doch bevor Sie losrennen und mit Ihrem Chef einen Kuhhandel anfangen, denken Sie daran, dass Verhandeln ergebnisoffen ist und nach einer dreistündigen anregenden Verhandlung Ihre Vergütung, Pensionsansprüche und Selbstachtung möglicherweise erhebliche Einbußen erlitten haben.

Über die Kunst des Verhandelns sind zahlreiche Bücher geschrieben worden, die gerne Titel à la «Setzen Sie sich durch!» tragen. Die meisten gewöhnlichen Menschen wären wahrscheinlich besser bedient mit einem Titel wie «Etwas erreichen? Von wegen». Sollten Sie je daran denken, ein Buch über Verhandeln zu schreiben: Lassen Sie's. Jeder, der es genau liest, wird es unverzüglich wieder in den Laden zurückbringen und aus einigermaßen fadenscheinigen Gründen sein Geld zurückverlangen.

Hier die drei elementaren Verhandlungsgrundsätze (Ihnen verrate ich sogar vier). Erstens: Denken Sie daran, dass Verhandeln nur ein Spiel ist wie, sagen wir, Rugby – man liefert sich ein Kopf-an-Kopf-Rennen mit irgendeiner üblen Schlägertype, versucht an den Ball zu kommen, und am Ende ist man bewusstlos. Zweitens: Steigen Sie hoch ein. Wenn Ihre erste Zahl akzeptiert wurde und Sie sich immer noch hereingelegt fühlen, war sie nicht hoch genug. Drittens: Sie müssen beim Verhandeln immer wissen, was Sie am Ende erreichen wollen. Es hat überhaupt keinen Sinn, mit dem Taxifahrer um die Heimfahrt zu feilschen, wenn die Bilanz so aussieht, dass Sie zwar nur die Hälfte zahlen, dafür aber irgendwo im Industriegebiet abgesetzt werden. Und viertens und letztens die goldene Regel, dass Sie die Verhandlung verloren haben, sobald es persönlich wird. Deshalb sind Scheidungen auch die bei weitem traumatischsten, quälendsten und teuersten Verhandlungen außerhalb des Klempnergewerbes.

Zulagen

Zulagen sind die Croutons in der Suppe des Bürolebens; es handelt sich dabei zwar nur um kleine verkohlte Toastkrümel, aber sie lassen dünne Suppen eher nach einer vollständigen Mahlzeit aussehen. Zulagen geben Ihnen das glückliche Gefühl, zu den Privilegierten zu gehören. Wenn Sie der Ansicht sind, Ihr Job biete zwar eine Zulage, und Sie sich trotzdem zutiefst deprimiert fühlen, verwechseln Sie womöglich eine jobmäßige Zulage mit einem Berufsrisiko. Hüten Sie sich vor sämtlichen Zulagen, in denen die Wortverbindung «so viel Sie mögen» auftaucht, vor allem wenn Sie in der Starkbierbrauereibranche sind.

Die Zulagen des Topmanagements sind Reisen; eine dreitägige Inspektionstour zur neuen Niederlassung nach Thailand ist praktisch ein Urlaubstrip mit dem zusätzlichen Reiz, dafür voll bezahlt zu werden. Seine Entsprechung unterhalb der Führungsebene ist das Blaumachen. Hierbei beschließen Menschen, dass sie am Vortag schon genug geschuftet haben und heute mal unter der Bettdecke bleiben, einen Einkaufsbummel machen oder im Bademantel herumgammeln. Auch hier besteht der zusätzliche Reiz darin, für diese Tätigkeiten voll bezahlt zu werden. Ein interessantes Phänomen ist die Tatsache, dass Blaumachen zeitlich häufig mit Dienstreisen der Geschäftsleitung nach Thailand zusammenfällt.

Zulagen sind von Job zu Job verschieden. Wenn Sie Müllmann sind, können Sie sich die ulkige ausrangierte Puppe schnappen und an den Kühlergrill Ihres Müllautos klemmen. Entsprechend können Leute aus der PR-Abteilung irgendeinen Halbpromi bumsen und es der Regenbogenpresse stecken. Für die Millionen anderer, die vor ihren PC-Monitoren sitzen, beschränken sich Zulagen auf Computerspiele von abstoßender Obszönität und die Chance, sich ins System der Buchhaltung einzuhacken und dort die Kommastelle ihres Gehalts zu korrigieren.

Natürlich nehmen sich einige Leute Zulagen heraus, die

entschieden zu weit gehen: Mitarbeiter eines Bauholz-
betriebs, die sich mit «Abschnitten» in ihrem Garten eine
Hütte im Chaletstil bauen; Immobilienmakler, die im Sommer ein stattliches Anwesen «hüten»; Autoschrauber, die
mit Ihrem Aston Martin zu «Überprüfungszwecken» eine
einwöchige Spritztour unternehmen; oder Buchhalter, die
einen Bleistift mit nach Hause nehmen, um ihn dort zu «spitzen».

Spesen

Spesen sind die Schattenwirtschaft der Angestelltenwelt.
Das Leben selbst ist bereits eine legitime Geschäftsausgabe,
solange Sie eine Quittung vorweisen können. Auf Spesenabrechnungen – oder «steuerfreie Prämien», wie sie auch
heißen – werden gewaltige kreative und finanzielle Energien
verwandt. Die Spesenabrechnung seines Chefs zu erledigen
stellt daher eine Mischung aus Geldwäsche und kreativer
Buchführung dar, und jede Sekretärin, die sich für die Möglichkeiten der Erpressung interessiert, muss nur die Spesenabrechnungen ihres Chefs fotokopieren und drohen, sie an
seine Ehefrau, den Geschäftsführer, das Finanzamt oder alle
drei zu schicken.

Sekretärinnen haben ihre eigene Form von Spesen namens «Kasse für geringfügige Ausgaben», vulgo Portokasse,
obwohl es der Buchhaltung häufig schwerfällt nachzuvoll-
ziehen, was an 420 Euro für «einen Brad-Pitt-Kalender und

weitere Artikel für das Wohlergehen der Belegschaft» geringfügig sein soll.

Taxifahrer kennen sich mit dem Fingieren von Spesen-
rechnungen bestens aus, und wenn man Ihnen ein besonders großzügiges Trinkgeld gibt, revanchieren sie sich oft mit
einem Stoß Blankoquittungen, in die man seelenruhig nach
eigenem Gutdünken Beträge einsetzen kann, die einer Taxi-
fahrt einmal quer durchs Land entsprechen – zum Feiertags-
tarif, versteht sich. Diese Finte kann man auch bei Auslands-
flügen anwenden. Überreden Sie das Personal beim Check-in,
Ihnen ein paar gebrauchte Flugtickets zu überlassen, und
machen Sie anschließend geltend, Sie hätten bei Ihrem Flug
nach Paris aus Gründen der «Kundenpflege» noch einen kleinen Abstecher nach Mombasa machen müssen.

Althergebrachte Sprachregelungen definieren, was durch
Spesen mutmaßlich abgedeckt ist. Alles, was Sie allein essen
und trinken sowie die Ganzkörpermassage für Sie persönlich
heißt «Verpflegung». Alles, was Sie dagegen in Begleitung
essen und trinken sowie gemeinsam an Wellnessangeboten
wahrnehmen, nennt sich «Bewirtung». Und alles, was Sie
sich am letzten Samstag Nettes gekauft oder am Sonntag in
Ihrer Freizeit unternommen haben, firmiert unter «Akquise».
Der einzige Satz, den noch nie jemand auf seine Spesenabrechnung geschrieben hat, lautet: «Vermutlich unnötige
Ausgabe, bitte von meinem Gehalt abziehen.»

Die Portokasse

Portokasse klingt nicht gerade sexy. Tatsächlich handelt es sich ja auch um eine Einrichtung mit allergrößtem Nutzen für die Menschheit: Sie ist ein Bargeldlieferant in einem Metallkästchen. Ein kleines Unternehmen definiert sich dadurch, dass es über ein kleines rotes, als Portokasse fungierendes Metallkästchen verfügt. Das darin befindliche Geld nennt man stille Reserve, denn würde man es komplett ausgeben, wäre die Firma pleite.

Portokassen sind voll mit Quittungen für geringe, irrelevante Rechnungsposten. Ist Ihre Gehaltsabrechnung darunter, ist Ihr Salär womöglich wirklich etwas niedrig. Geld aus der Portokasse eignet sich großartig für Anschaffungen in letzter Minute wie das Abschiedsgeschenk für den Kollegen Martin, der vierzig Jahre bei der Firma beschäftigt war, dessen Ausscheiden allerdings in den letzten vierzig Minuten seines Arbeitslebens organisiert werden muss.

Der Schlüssel zur Portokasse ruht üblicherweise an einer Kette tief verborgen im unerforschten Dekolleté einer Madame Panzerfaust, die mit einem zarten Begrüßungsküsschen sogar einem Pitbull die Backe aufschürfen könnte. Er ist deshalb ungefähr so leicht zugänglich wie der Heilige Gral. Madame Panzerfaust hat immer zehn gute Gründe, warum Sie kein Geld aus der Portokasse kriegen können. Wenn sie bei Grund Nummer neun angelangt ist, sollten Sie bedenken, dass Grund Nummer zehn ein Tritt in die Kronjuwelen ist.

Große Unternehmen haben keine Portokassen in Metallkästchen. Wenn Sie 95 Cent ausgeben, müssen Sie sich die auf dem offiziellen Dienstweg zurückholen, was bedeutet, dass Sie fünf Monate später einen Riesenscheck über 95 Cent erhalten, der von drei Geschäftsführern abgezeichnet ist. In Konzernen schwellen Portokassen zu Portohalden an, auf die Sie zurückgreifen können, sollten Sie nach Bankenschluss noch rasch ein paar ins Straucheln geratene Unternehmen aufkaufen müssen.

5 Männer und Frauen im Berufsleben

Geschlechterpolitik

Jeder Berufstätige, der den aufrechten Gang beherrscht, erkennt heutzutage an, dass es zwischen den Geschlechtern keinerlei Unterschiede gibt und sie sich hinsichtlich Talent, Professionalität und Ehrgeiz in nichts nachstehen. In Wirklichkeit ist das ein von den Frauen in Umlauf gesetztes Märchen, damit die Männer sich besser fühlen, da Frauen in den meisten Arbeitsbereichen – mal abgesehen vom Heben schwerer Kisten – die Männer restlos und vernichtend geschlagen haben. Berufstätige Frauen sind eine Tatsache des Lebens. Allerdings lassen sich viele Männer von den Tatsachen des Lebens immer noch gern in Verlegenheit bringen.

Besonders Mütter bringen für das Berufsleben etliche Vorteile mit. So wird keine Frau, die einen Haushalt voller kreischender Kinder stemmen kann, Probleme bei Diskussionen auf Vorstandsebene haben; keine Frau, die schon mal mit einer Hand ein Fläschchen gewärmt und mit der anderen eine Windel gewechselt hat, wird Schwierigkeiten in einer Werbeagentur haben; und keine Frau, die schon einmal acht Stunden kontinuierlich Wehen hatte, wird Mühe haben, eine Präsentation des Leiters der IT-Abteilung durchzuhalten.

Ebenfalls allgemein anerkannt ist, dass der Arbeitsplatz zunehmend verweiblicht und die Eigenschaften, die man im Beruf braucht, zu den eher weiblichen gehören wie Zuhören-können, Fürsorglichkeit, Mitgefühl, Empathie und Allround-Kommunikationskompetenz. Das dürfte jenen Frauen, die sich ihren Weg an die Firmenspitzen durch reine Leistung, Entschlossenheit und eiskalten Ehrgeiz geebnet haben, einen schmerzlichen Schlag versetzen. Sollte die durchfeminisierte Arbeitswelt je Realität werden, kann man getrost davon ausgehen, dass die meisten Männer darin mit schockiertem und verlegenem Blick herumirren werden, als hätten sie sich in eine Dessousabteilung verirrt.

Männer, die regelmäßig mit Frauen zusammenarbeiten, wissen, dass diese irgendwie Besuchern aus einer osteuropäischen Firma ähneln – vieles, was sie tun, ist einem vertraut, aber *wie* sie es tun, oft verwirrend. So knüpfen Frauen im Berufsleben ganz anders Kontakt als Männer, indem sie häufig kleine Kommentare über Kleidung, Frisur und das Aussehen allgemein austauschen. Eine äußerst raffinierte Kunst, deren Erlernen ein Leben lang dauert. Männer lassen es also besser bleiben, Sachen von sich zu geben wie: «Diese Frisur lässt Ihre Schuhe größer wirken.»

Frauen nehmen alles persönlich. Das kann toll sein, weil sie die Dinge aus einem menschlichen Blickwinkel betrachten und nicht überanalytisch werden. Auf der anderen Seite muss man vorsichtig sein, denn wenn man so etwas sagt wie: «Die Firma muss sich gesundschrumpfen», gehen sie nach Hause und verbringen den ganzen Abend auf der Waage.

Frauen werden nie müde, jedem, der es hören will, zu erklären, ihr Geschlecht sei ungemein gut im Zuhören, viel besser jedenfalls als im Reden. Eine verständnisvoll zuhörende Frau ist deshalb so ziemlich das Brandgefährlichste, was man sich denken kann: Bei nur einer einzigen Tasse Tee und einem Keks offenbaren Sie ihr Ihre geheimen Hoffnungen und tiefsten Ängste, woraufhin etwas später eine ganze Reihe anderer Frauen verständnisvoll lauschen wird, wenn diese erste Frau Ihre geheimen Hoffnungen und tiefsten Ängste weiterträgt.

Das Denken einer Frau ist wesentlich komplexer als das eines Mannes. Fragt man beispielsweise im Büro eine Frau, warum sie sich gleich die ganze Packung Ingwerplätzchen einverleibt, wird sie erwidern, dass sie eine ständige Versuchung darstellen würden, wenn sie sie nicht aufäße. Der Komplexität und Subtilität dieser Logik ist ein Mann schlicht nicht gewachsen.

Insgesamt ist der Begriff einer feminisierten Arbeitswelt wahrscheinlich doch nur ein weiteres männliches Komplott, um am Arbeitsplatz eine Kindergartenkultur zu schaffen, die den Wettbewerb an vorderster Front entschärft. Unterstützende Beratung, Empathie und Coaching sollen die Eckpfeiler eines verweiblichten Führungsstils der Zukunft werden. Aber machen wir uns nichts vor, mit zu viel Coaching, Empathie und unterstützendem Zuhören wird man nicht mehr zu dem Klartext fähig sein, der auf der Führungsebene gegenüber übellaunigen und aggressiven Männern unerlässlich ist: Klappe, Sie haben unrecht, ist mir egal, wir machen es so, wie ich sage.

Männliches Verhalten

Im besten Fall finden Frauen männliches Verhalten am Arbeitsplatz rätselhaft, im schlimmsten Fall erstaunlich primitiv. Die Erklärung dafür liegt in der Evolution begründet und hat damit zu tun, dass wir mental gesehen nach wie vor an die Vorzeit angepasst sind, als der Platz eines Mannes noch hinter dem Mammut war. Deshalb fühlen sich im Arbeitsleben mit all seinen berufsbedingten Risiken viele Männer noch immer wie hinter einem Mammut. Dabei ist die moderne Arbeitswelt ein weiblicher Ort, an dem Konsensbereitschaft, Kommunikationsfähigkeit und Organisationstalent die Schlüsseleigenschaften sind.

Beim Eintritt ins Büroleben hatten Männer mit dem aufrechten Gang gerade erst angefangen. Deshalb wird dort auch noch so häufig der nackte Hintern gezeigt, auf die Brust getrommelt und im Schritt gekratzt. Das männliche Brustgetrommel etwa äußert sich bei Sitzungen in Form ausgedehnter Redebeiträge mit der anschließenden Beschwerde, dass es mal wieder länger gedauert habe als geplant. Das Entblößen des Hinterns dagegen beschränkt sich heute auf männliche Phrasen wie «sich bei einem Projekt den Arsch aufreißen».

Eigentlich mussten die Männer der Vorzeit überhaupt nicht jagen, da Frauen achtzig Prozent der Nahrungsmittel sammelten, züchteten und kultivierten. Auf die Jagd gingen sie ausschließlich, um zu beweisen, wie machomäßig sie drauf waren. Seien wir ehrlich: Wenn es tatsächlich um Nahrung gegangen wäre, hätten Männer Schafe gejagt – nur: Wie imposant hätte das wohl auf Höhlenbildern ausgesehen? Die der Jagd im Berufsleben am nächsten kommende Tätigkeit ist das Verkaufen, deshalb herrscht in diesem Sektor so ein Überhang an Männern. Sie steigen in ihre Autos und machen sich auf die Jagd nach fetten Verkaufsabschlüssen, von denen sie anschließend triumphierend berichten, in der Regel unter starker Übertreibung der Zahlen und noch bevor die Tinte auf dem Vertrag trocken ist. Als die gefährlichsten und haarigsten Jäger entpuppen sich dabei natürlich die Finanzbeamten, weil sie dermaßen hohe Abschlüsse zurück nach Hause bringen, dass das betreffende Unternehmen vor lauter Anstrengung, das zu verdauen, fast Pleite macht.

In der Evolution geht es nicht ums Überleben des Stärkeren, sondern ums Überleben desjenigen, der sich am erfolgreichsten fortpflanzt. Deshalb ist praktisch das gesamte männliche Verhalten im Arbeitsleben eine Art sexuelle Zurschaustellung. Sie reicht vom Fahren eines dicken Porsche bis hin zu kleineren, alltäglichen Vorführungen wie Kulispielereien und Hosentaschengefummel. Brüllen in Sitzungen ist eine exakte Entsprechung des Brunftgeschreis von Hirschen, und das Zerquetschen schwächerer Männchen ist genau das, was Walrossbullen am Strand machen.

Ein weiteres Beispiel: Nur Männer legen die Beine auf den Schreibtisch, allerdings mitnichten aus Gründen der Bequemlichkeit. In Wahrheit offenbart sich auch darin wieder ein Männlichkeitsgehabe: Ich flegle hier rum wie der König der Löwen, aber wenn ich mich zum Töten aufraffe, gibt's einen Festschmaus für den ganzen Dschungel. Frauen haben ihre eigenen Selbstdarstellungstechniken. Dafür gehen sie auf die Toilette, wo sie ihr Gesicht komplett umbauen, indem sie ihre Lippen voller machen, die Wangenknochen höherziehen und die Augen mittels längerer Wimpern vergrößern. Wenn sie fertig sind und wieder ins Büro zurückkommen, legen alle Männer sofort die Beine auf den Schreibtisch.

Männer haben auch andere körperliche Angewohnheiten als Frauen, darunter das druck- und geräuschvolle Ausstoßen von Luft an beiden Körperenden. Auch diese Gepflogenheiten sind sexuelle Zurschaustellungen, da sie signalisieren sollen: «Ja, ich bin ein großer Jäger und habe mich ausgiebig an Fleisch gelabt. Vermehre dich mit mir.» Komischerweise erzielen diese und alle anderen männlichen Aufplustereien bei Frauen genau den gegenteiligen Effekt. Sie sind ohnehin viel zu beschäftigt damit, achtzig Prozent der nützlichen Arbeit zu erledigen.

Zwei Dinge machen Männer glücklich: Selbstvertrauen in ihr Auftreten und Spielzeug. Männer lieben Spielzeug, weil sie wissen, dass es ihnen beim Auftreten hilft. Daher auch die Beliebtheit leistungsstarker Autos bei leistungsschwachen

Männern. Männer, die sich nicht produzieren können oder denen man ihr Spielzeug wegnimmt, neigen zum Brüllen. Je aufgebrachter sie sind, desto lauter brüllen sie. Wenn das Brüllen keinen Erfolg hat, greifen sie zur subtileren Methode, gemeinsam in aller Ruhe einen trinken zu gehen. Leider pflegt Alkohol bei Männern noch lauteres Gebrüll auszulösen, wobei sie sich dann endgültig um Kopf und Kragen schreien. Das beste Mittel, einem auf voller Lautstärke rasenden Egomanen den Stecker rauszuziehen, ist die Bemerkung: «Klingt, als ob du dich darüber sehr ärgerst, Peter.» Damit bestätigen sie, dass sie das laute Dschungelgetöse ihres Sich-auf-die-Brust-Trommelns vernommen haben und man sich nun den Ursachen des riesigen Sachproblems zuwenden kann, über das sie sich so aufregen, etwa dass man ihren Geburtstag vergessen hat oder was auch immer.

Männliche Langweiler

Zu den gefährlichsten Kreaturen im Bürodschungel gehören die unbezähmbaren Langweiler, insbesondere ihre männlichen Vertreter. Deshalb ist es für den Büroalltag überlebenswichtig zu lernen, wie man mit einem männlichen Langweiler fertig wird, ganz besonders für Frauen, zu denen sie sich offensichtlich häufig hingezogen fühlen.

Dass es in Ihrer näheren Umgebung einen männlichen Langweiler gibt, merken Sie spätestens dann, wenn er sein Hinterteil auf Ihre Schreibtischkante pflanzt. Es handelt sich dabei um ein primitives Balzritual von Bürolangweilern und ist eng verwandt mit der männlichen Angewohnheit, seinen eigenen Hintern zu fotokopieren. Langweiler lauern oft in Aufzügen und verfügen über die Begabung, einen binnen drei Stockwerken zu Tode zu langweilen. Am allerliebsten halten sich Langweiler allerdings in Ihrer unmittelbaren Nähe auf, damit Sie besser die Vanillepuddingflecken auf ihrer Krawatte und die Haare in ihrer Nase betrachten können und bei einem Blick in ihre Augen die große Leere in ihrem Kopf erkennen.

Am tödlichsten sind unbezähmbare männliche Langweiler innerhalb ihrer eigenen Bürohöhle. Dort bewahren sie nämlich ihren kleinen Zinnpokal auf, den sie beim Kneipenquiz 1996 gewonnen haben, sowie das Foto mit Michael Winter beim Firmenessen 1989. Außerdem noch Aufnahmen von drei Kindern, identische Kopien des Langweilers, nur ohne Glatze. Ein Vortrag über jedes dieser Objekte kann bis zu einer Stunde dauern. Beherzigen Sie deshalb die goldene Regel, niemals die Schwelle zum Büro eines Langweilers zu überschreiten. Stecken Sie höchstens kurz den Kopf durch die Tür und vermitteln Sie den Eindruck, der Rest Ihres Körpers müsse schnellstens zu einer dringenden Sitzung.

Nehmen Sie sich in Acht vor Anekdoten. Langweiler sind voll davon. Wenn also ein Mann anfängt: «Habe ich Ihnen schon die erzählt ...», sagen Sie auf der Stelle ja und anschließend: «Ist das die von dem Anonymen Alkoholiker, der Starthilfe bei seiner künstlichen Niere brauchte?» Das können die Langweiler meist nicht toppen, woraufhin sie in der Regel verstummen und vorgeben, sie hätten etwas anderes zu tun. Auch Männer, die Witze erzählen, haben grundsätzlich nichts Interessantes mitzuteilen. Wenn Sie einen gewohnheitsmäßigen Witzeerzähler ausbremsen wollen, müssen Sie ihm nur erklären, Sie interessierten sich mehr für sein emotionales Erleben. Oberflächliche Menschen finden jede Form tiefergehender Gespräche äußerst beängstigend, besonders in der Kantine.

Männliche Langweiler sind Herdentiere und lieben nichts mehr, als sich um die Wasserstelle zu versammeln und Witze zu reißen. Dabei wird die Hackordnung festgelegt; Sieger ist der mit dem dreckigsten Witz oder wer Runden schmeißt. Von Letzterem sind Sie freigestellt, sofern Sie Witze liefern. Gerät eine Frau in eine solche Falle, sollte sie sich unverzüglich einen Platz zum Hinsetzen suchen und sich einen männlichen Langweiler zu einem Vieraugengespräch über Gefühle herauspicken. Das schüchtert ihn nämlich ein, und er wird alles daransetzen, sich bei erstbester Gelegenheit wieder zu den anderen zu gesellen.

Der schlimmste Vertreter des männlichen Langweilers ist derjenige, der zugleich Ihr Chef ist. Sein wichtigstes Managementinstrument wird häufig eine Golfanekdote sein, und alle Sitzungen mit ihm werden darin bestehen, dass Sie versuchen, ihm ein paar vernünftige Informationen zu entlocken, während er seinen Abschlag übt. Der Trick ist, dass Sie ihn besser managen als er Sie (was gar nicht schwierig ist). Ihr erster Satz sollte immer lauten: «Ich möchte Ihre Zeit nicht vergeuden, weil ich weiß, dass Sie eine Menge im Kopf haben» (Golf). Sollte es ihm gelingen, zu einer Anekdote anzusetzen, sagen Sie schnell: «Die ist gut, die sollten wir uns für die Bar aufheben.» Anschließend meiden Sie die Bar ein oder zwei Wochen lang.

Körpersprache

Körpersprache im Büro kann in zwei klare Botschaften unterteilt werden. Die erste ist: «Ihnen würde ich gerne an die Wäsche.» Männer senden sie ungefähr fünfunddreißigmal am Tag aus, wann immer eine Frau anwesend ist, überall im Büro und bei jeder sich bietenden Gelegenheit, von der Vertriebssitzung bis hin zum Bleistiftspitzen. Da die meisten Männer in sexuellen Dingen die Gewandtheit eines tapsigen Welpen an den Tag legen, können Frauen getrost davon ausgehen, dass bei Männern jede Art von Bewegung sexuelle Erregung anzeigt. Vermutlich wenig überraschend lautet die zweite entscheidende Botschaft: «Wach endlich auf, du armseliger Wicht.» Sie wird von Frauen nahezu permanent ausgesandt, und zwar im Büro, zu Hause und im Bett.

Aufpassen müssen Sie bei einem anderen Körpersignal im Berufsleben: «Sie sind kurz davor, gefeuert zu werden.» Dies kann sich im extrem subtilen leichten Heben der Augenbrauen äußern, womit man Ihnen zu verstehen gibt, dass Ihre Karriere in diesem Moment beendet ist. Andere Signale können weniger subtil ausfallen. Beispielsweise wenn Ihr Chef herumbrüllt, während er Sie mit Sachen bewirft und seinen Kopf gegen die Wand hämmert. Alles eine Frage der Auslegung.

Im politisch korrekten Büro ist Berührung ein sexuelles Minenfeld. Jemanden im Flur zu umarmen kann leicht als versuchte Penetration missdeutet werden, und Sie finden sich vor dem Arbeitsgericht wieder, noch bevor Sie «Guten Morgen, Mrs. Mattheson» sagen können. In vielen Büros wurden jetzt auf freiwilliger Basis Regeln für das Flirten eingeführt, in denen beide Seiten den Anspruch auf einen langwierigen Rechtsstreit fallenlassen, bevor es so weit kommt, dass sie sich Sätze zuflüstern wie: «Kann ich Ihnen meine Tabellenkalkulation zeigen, Paula?»

Die Maßstäbe für sexuelle Handlungen sind von Büro zu Büro und von Land zu Land verschieden. So ist es zum Beispiel in Portugal absolut zulässig, während einer Verkaufspräsentation mit seinem Chef Händchen zu halten. In Amerika dagegen, wo die Vorschriften zugegebenermaßen ziemlich streng sind, ist es nicht einmal erlaubt, einen PC-Bildschirm zu berühren, es sei denn, er wäre ausdrücklich als Touchscreen ausgewiesen.

Natürlich ist all dieses Nichtberühren und Respektieren der Privatsphäre vergessen, sobald das gesamte Büro irgendwelche albernen Teambildungsspielchen absolvieren muss, die Umarmungen, Berührungen und häufig auch vollzogenen Verkehr vorsehen. Die einzige sichere Alternative ist, zu Hause zu arbeiten, wo man sich nach Herzenslust selbst sexuell belästigen kann.

Verliebtheit im Büro

Es gibt zwei Arten von Gefühlsaufwallungen im Büro. Die eine überkommt Sie, wenn Sie sich alle vor dem Aushangbrett drängeln, um einen verbotenerweise kopierten Arztbrief der Seuchenabteilung des Gesundheitsamtes an Ihren Chef zu lesen. Die andere ist weitaus süßer und tritt ein, wenn Sie sich in einen Arbeitskollegen verlieben. Wobei mit Gefühlsaufwallungen hier nicht zwei schwitzende Körper im Büroschrank gemeint sind, die aneinander herumfummeln. Gemeint ist eher so eine unschuldige, kindliche Hinterm-Schuppen-Sache.

Verliebtheit führt zu seltsamen Verhaltensweisen. So werden Sie sich, wenn die Geburtstagskarte für das Objekt Ihrer Schwärmerei herumgeht und jeder so was wie «Feier' schön» schreibt, dabei ertappen, wie Sie stattdessen zu Lyrischem greifen à la «Wie ich dich liebe? Lass mich zählen wie» (Elizabeth Barret-Browning). Am schlimmsten ist die Weihnachtsfeier. Dort kommt es Ihnen so vor, als ob jedes Mal, wenn Sie eine Chance hätten, mit Ihrem Liebsten zu tanzen, die wummernde Discomusik unverzüglich endet und etwas wie «Come bring me your softness» anfängt. Das wühlt Sie so auf, dass Sie an Ihren Schreibtisch eilen und sich mit ein paar kniffligen Bilanzberechnungen wieder runterbringen müssen.

Sollte Ihnen auffallen, dass Sie sich den Code fürs Lieblingsgetränk von irgendwem am Kaffeeautomaten einprägen, nur damit Sie eines schönen Tages sagen können: «Na klar, Sie haben 312, geschäumt ohne Zucker, ich weiß» – dann sind Sie höchstwahrscheinlich verliebt und ganz bestimmt ein sehr, sehr bedauernswertes Individuum.

Kein Mensch verknallt sich je in jemanden aus derselben Abteilung, denn nichts kuriert einen schneller davon, als den anderen jeden Tag zu sehen. Insofern handelt es sich hierbei um das Büropendant zum Verheiratetsein, und es wirkt sich genauso ruinös auf die gegenseitige Anziehungskraft aus.

Die goldene Regel lautet, niemals auszuplaudern, in wen Sie sich verliebt haben. Nie. Wenn Sie es doch tun, wird es dem Betreffenden schneller zügetragen werden, als er das Gummiband seines Slips schnalzen lassen kann, und Sie werden in der Folge außerstande sein, mit demjenigen zu sprechen, zu arbeiten oder Aufzug zu fahren. Ebenso gut könnten Sie kündigen oder ihn fragen, ob er sie heiraten will, was in jedem Fall weniger beängstigend erscheint.

Büroaffären

In einem Büro stehen die Chancen gut, dass sich in Ihrem Umfeld innerhalb von fünfzehn Quadratmetern zwei befinden, die sich gegenseitig das Hirn aus dem Kopf vögeln. Sie werden wissen, um wen es sich handelt, weil es üblicherweise die Hirnlosen sind. Halten Sie Ausschau nach kleinen verräterischen Anzeichen wie rhythmischem Grunzen aus dem Büroschrank, Gesäßabdrücken auf dem Sitzungstisch oder riesigen Slips im oder am Eingangskorb eines Kollegen.

Büroaffären sind in bestimmten Abteilungen verbreiteter als in anderen. In der Vertriebsabteilung besteht Vertrieb aus dem, was Sie zwischen diversen Positionierungsaufgaben mit einer Ihrer Kolleginnen auf dem Tisch des «Innovationsraums» treiben. In der IT-Abteilung hat jeder den Umgang mit Lebewesen längst verlernt, sodass sich Affären in der Regel mit Kollegen aus der Buchhaltung abspielen. Den Leuten aus der Personalabteilung fällt es schwer, echte Gefühle zu zeigen, und kein Mensch würde wohl mit jemandem schlafen können, der die ganze Zeit lächelt und einen, sobald er was sagt, mit Vornamen anspricht.

Affären zwischen Sekretärinnen und ihren Vorgesetzten haben eine lange, traurige Tradition. Sie sind immer ein Zeichen für eine schlechte Sekretärin, denn gute haben den Zeitplan ihrer Chefs so im Griff, dass diesen der Gedanke an eine Affäre erst gar nicht in den Sinn kommt, geschweige denn Auswirkungen auf einen anderen Körperteil hat. Beurteilungsgespräche sind häufig ein Anlass, bei dem verborgene Spannungen hochkochen. Schlüsselbegriffe wie Zwischenmenschliches, Leistungsstärke und Flexibilität erhalten darin eine ganz neue Bedeutung, und die «360-Grad-Beurteilung» ist womöglich die vornehme Umschreibung dafür, dass Sie Ihren Chef zum ersten Mal nackt sehen.

Sollten Sie eine Affäre haben, achten Sie darauf, Ihr E-Mail-Verhalten nicht spürbar zu ändern. Denn Leute, die eine Affäre haben, checken alle zehn Sekunden ihre Mails und starren dann, das Gesicht dicht vor dem Bildschirm, hirnlos lächelnd vor sich hin. Gewöhnliche E-Mails rufen keine derartige Reaktion hervor. Seien Sie auch sehr gewissenhaft beim Versenden intimer E-Mails. Ein falscher Knopfdruck, und binnen weniger Stunden weiß die gesamte internationale Netzgemeinde, dass Sie gerne Sex in einem Hasenkostüm haben.

Es gibt drei Orte, die alle Büroliebschaften grundsätzlich versuchen abzuhaken: den Aufzug sowie den bereits erwähnten Bürobauschrank und den Sitzungstisch. Im Aufzug sollte man es besser nicht versuchen, wenn man nur drei Stockwerke vor sich hat, es sei denn, Sie hätten ohnehin ein Problem, den Liebesakt länger als zwölf Sekunden durchzuhalten. Nehmen Sie auch nie Sex auf dem Sitzungstisch in Angriff, sofern nicht einer von Ihnen eine leitende Position in Ihrer Firma innehat oder der Sex gewährleistet, dass Sie bald eine solche bekommen.

Die meisten Büroaffären vollziehen sich außerhalb des Büros, da es nichts Romantischeres gibt als ein Standardmenü bei Kerzenschein in einer Autobahnraststätte, gefolgt von einer leidenschaftlichen Nacht in einem Kettenhotel. Allgemeines Bürogespräch werden die meisten Affären durch Tagungen und Geschäftsreisen, denn selbst ein Mitarbeiter der Personalabteilung kann sich ausrechnen, dass das Übernachten von zwei Leuten in einem Hotelzimmer keine seriöse Teambildungsmaßnahme ist.

Eine Büroaffäre zu haben steigert zwar Ihre erotischen Empfindungen, trübt aber Ihren gesunden Menschenverstand. Deshalb glauben Frauen, die nach einem ausgedehnten «Kundenmittagessen» ins Büro zurückkehren, keiner würde registrieren, dass ihr Nacken rot wie ein Hummer ist und sie sich die Bluse in die Unterhose gesteckt haben. Und Männer denken plötzlich, es sei normal, nach der Mittagspause mit nassen Haaren und einer frischen Hose zu erscheinen. Im weiteren Verlauf der Affäre pflegt sich das äußere Erscheinungsbild des Mannes zu verändern, da die beteiligte Frau ihm einige längst überfällige Aufbesserungen seiner Garderobe nahelegt.

Es gibt drei goldene Regeln, die man bei einer Büroaffäre beachten sollte: Haben Sie nie Sex in Reichweite eines Tackers; bestehen Sie nach dem Sex nicht auf einem ausführlichen Kontaktprotokoll; und Frauen sollten nie von «Gesundschrumpfen» sprechen, wenn sie den Mann zum ersten Mal nackt sehen. Die meisten Büroaffären fliegen am Ende dadurch auf, dass nach dem Vögeln in vollkommener Lautlosigkeit und äußerster Heimlichkeit manche Menschen dem Verlangen nach einer Zigarette nicht widerstehen können. Die sieht man dann mit verträumtem Blick vor dem Gebäude stehen, qualmend und splitterfasernackt.

Man weiß sofort, dass eine Büroaffäre beendet ist, weil die beiden Beteiligten dann auf einmal so unheimlich sachlich und geschäftsmäßig miteinander umgehen und anfangen, sich wie in einem alten Schulungsvideo zu benehmen. Es kann durchaus zu ein paar erstickten Schluchzern und Fluchten auf die Damentoilette kommen, vor allem bei den betroffenen Frauen. Männer dagegen tun plötzlich untypische Dinge wie häufig ins Fitnessstudio gehen oder Haushaltspläne aufstellen. Bei einigen wahrhaft verhängnisvollen Affären beschließen die beiden Beteiligten, dass sie sich

wirklich lieben, und dann läuft die Chose auf das grässliche
«Büropärchen»-Syndrom hinaus.

Verheiratete Büropärchen

Viele Menschen verlieben sich im Büro. Männer, die Porsche
fahren, häufig in sich selbst. Andere lernen sich im Büro kennen, heiraten und werden das, was man als Büropärchen
kennt.

Wer die verheirateten Paare sind, finden Sie spätestens
heraus, wenn Sie eine halbe Stunde damit zugebracht haben,
über einen der beiden Partner zu lästern, und plötzlich dahinterkommen, dass Sie gerade mit dem anderen sprechen. Ver-
heiratete Büropärchen können allerdings ziemlich niedlich
sein. Nichts ist amüsanter, als sie dabei zu beobachten, wie sie
in einer Sitzung versuchen, sich ganz professionell zu geben,
und dann einer von beiden sagt: «Was hältst denn du von
dem Vorschlag, Schatz?» Die einzige Möglichkeit, da wieder
rauszukommen, ist, nun alle anderen Sitzungsteilnehmer
ebenfalls «Schatz» zu nennen. In einer Werbeagentur ist das
okay, nicht hingegen in einer Fischkonservenfabrik.

Der Unterschied zwischen einem verheirateten Büropärchen und einem Paar, das eine Büroaffäre hat, besteht darin,
dass das Ehepaar nicht das Bedürfnis verspürt, im Aufzug Sex
zu haben (oder sonst wo). Richtig spannend wird es, wenn
man ein Ehepaar im Büro hat und beide Partner jeweils eine
Büroaffäre mit anderen Kollegen unterhalten. Das erfordert

nämlich eine der Schweizer Bahn ebenbürtige Zeitkoordination sowie eine den Bahnbetrieben der übrigen Welt würdige Liste origineller Ausreden.

Zu den Vorteilen, ein Büropärchen zu sein, gehört, dass man nach Feierabend etwas trinken gehen kann und nach Hause gefahren wird. Geben Sie nur darauf acht, nicht alle beide sturzbetrunken auf dem Parkplatz aufzukreuzen, im Glauben, der andere würde fahren. Kommt das zu häufig vor, wird aus Ihnen das Scheidungspärchen des Büros.

Berufstätige und ihre Lebenspartner

Solange Sie jung sind und Single, spielt es keine Rolle, wie mies ein Arbeitstag war, weil Sie abends ausgehen und trinken können, bis Sie Ihre Arbeit vergessen haben, Ihren Chef und wo Sie wohnen. Wenn Sie älter werden, wird dies durch Nachhausegehen und einen lautstarken Krach mit Ihrem Lebenspartner ersetzt.

Menschen landauf, landab müssen annehmen, dass die Firmen, in denen ihre Lebenspartner arbeiten, fachlich und verwaltungstechnisch gesehen absolute Sauställe sind, geleitet von schwachsinnigen Tyrannen mit halbgaren, unausführbaren Ideen, die von Büros voller engstirniger, egoistischer Drückeberger lustlos umgesetzt werden. Und wenn es ihren Lebensgefährten nicht gäbe, würde dort überhaupt keine vernünftige Arbeit geleistet.

Zu Hause reagiert man auf dieses Jobgeschimpfe anerkanntermaßen am besten, indem man in regelmäßigen Abständen sagt: «Das ist ja furchtbar, willst du einen Tee?» Was man dagegen überhaupt nicht sagen sollte, ist: «Also wenn du da nicht glücklich bist, such dir doch einen anderen Job.» Die Spannweite partnerschaftlicher Ratschläge erstreckt sich von nutzlos bis nachgerade gefährlich. Der verbreitetste Tipp ist: «Du solltest ihm einfach sagen, wo er sich das hinstecken kann.» Genau das kann der Partner aber selbstverständlich nicht, deshalb hat er einem ja die Ohren vollgejammert.

Sind beide Partner berufstätig, müssen andere Regeln beachtet werden. Wenn Ihr Liebster beispielsweise von der Arbeit kommt und sagt: «Unser neues Datenverarbeitungssystem ist schlechter als das alte», ist die natürliche Reaktion, zu erwidern: «Sei doch froh, dass ihr eins habt, das überhaupt funktioniert. Unsres wurde in den letzten sechs Jahren zwar regelmäßig erweitert, hat aber noch nie funktioniert.» Dem Drang nach gegenseitigem Übertrumpfen mit Horrorgeschichten sollte man nicht nachgeben. In Zweifelsfällen kochen Sie einen Tee.

Bedenken Sie außerdem immer: Wie mies Ihr Arbeitstag auch gewesen sein mag, der Tag Ihres Partners war immer viel schlimmer. Wollen Sie dennoch ernsthaft geltend machen, dass Sie den beschisseneren Tag hatten, müssen Sie dafür sorgen, als Letzter nach Hause zu kommen. Denn Ihr Anspruch büßt jegliche Berechtigung ein, wenn Sie als Erster daheim sind und in Pantoffeln vor dem Fernseher sitzen.

Im Laufe eines durchschnittlichen Jammerjahres fangen Sie enorm viele detaillierte und delikate Informationen über die Firma Ihres Partners auf. Der Zeitpunkt, davon Gebrauch zu machen, ist die Weihnachtsfeier, auf der Sie beiläufig alle Arten hochspekulativer Tratschereien kommentieren können. Das entschädigt für die Qual, überhaupt daran teilnehmen zu müssen. Und schließlich ist es dieselbe Firma, die Ihren Partner die letzten zwölf Monate todunglücklich gemacht hat und nun von Ihnen erwartet, gemeinsam mit seiner Chefin zu Abend zu essen, damit sie all die Persönlichkeitsmerkmale vorführen kann, die es so ekelhaft machen, für sie zu arbeiten. Wenn Firmen den Lebenspartnern ihrer Mitarbeiter wirklich etwas Gutes tun wollten, würden sie ihnen stattdessen einen Weihnachtsbonus für all die Seelsorge und Therapie das Jahr hindurch zukommen lassen.

Mütter und Väter

Schwangerschaften gelten im Büro immer als gute Nachricht, weil sie beweisen, dass sich endlich jemand entschlossen hat, etwas Produktives zu machen. Es ist Brauch, der frischgebackenen Mutter eine Glückwunschkarte zu schicken, auf der alle Kollegen mit geistreichen Sprüchen wie «Wir wussten immer, was in dir steckt» unterschreiben müssen.

Erstgebärende bringen ihr Baby gelegentlich mit ins Büro, und das kann für circa dreieinhalb Sekunden ganz nett sein. Ansonsten gibt es für Leute, die in dem Büro arbeiten, nichts Schlimmeres, als sich auf irgendwelche vertrackten Zahlen konzentrieren zu müssen, während man einen schreienden

Embryo auf ihrem Schreibtisch ablädt. Damit er schnell weitergereicht wird, machen Sie einfach eine Bemerkung über seine verblüffende Ähnlichkeit mit dem Vorstandsvorsitzenden.

Männer sind inzwischen berechtigt, Vaterschaftsurlaub zu nehmen. So nennt man die Zeit, in der sie vom Büro beurlaubt werden, um herauszufinden, wer der Vater ist. Männer, die bei der Geburt dabei waren, sind danach in Sitzungen nie mehr ganz dieselben, und wenn Sie eine sehr schwierige Präsentation haben, passiert es oft, dass sie Ihre Hand packen und «Pressen!» schreien.

Weibliche Powerfrauen in Leitungspositionen, die ein Baby erwarten, reagieren unterschiedlich darauf. Manche verdrängen den in ihrem Arbeitskalender notierten Geburtstermin, bekommen das Kind auf ihrem Schreibtisch, legen es in den Postausgangskorb und machen im Terminplan weiter. Andere hingegen mutieren über Nacht von männermeuchelnden Firmendampfwalzen zu nährenden Erdmüttern, die in Sitzungen spontan stillen, selbst wenn das Baby wohlbehalten daheim beim Kindermädchen ist.

Mit so vielen Dingen auf einmal jonglieren zu müssen kann mitunter mehr sein, als man verkraften kann. Aus diesem Grund ist ein wachsender Trend zum Herunterschalten zu beobachten. Dies ist eine Möglichkeit, Ihr Leben wieder ins Gleichgewicht zu bringen, indem Sie den Stress im Job reduzieren und mehr Zeit zu Hause bei Ihrer Familie verbringen. Leider werden Sie feststellen, dass die Zeit, die Sie dort verbringen, der eigentliche Stressfaktor ist. Sollte

einmal eine Meinungsumfrage um drei Uhr nachts durch-
geführt werden, nachdem das Baby gerade zum dritten Mal
schreiend aufgewacht ist, wäre das Resultat, dass neunzig
Prozent aller leitenden Angestellten verzweifelt dafür plä-
dieren würden, weniger Zeit mit der Familie und mehr im
Büro zu verbringen.

6 Menschen, Kollegen und Probleme

Menschen und Leute

Arbeiten Sie niemals für eine Firma, die von sich behauptet, Menschen seien ihr wichtigster Aktivposten. Wenn Sie eine Hypothek aufnehmen wollten und angäben, Ihr einziger Aktivposten sei Ihre Familie, würden Sie in einem Zelt landen. Hüten Sie sich auch vor Firmen, die allen Ernstes behaupten, sie seien ein Unternehmen, in dem es um Menschen geht. Grob übersetzt heißt das, dass sie im Sklavenhandel tätig sind. Ist das nicht der Fall, betonen sie es wahrscheinlich, um sich von Betrieben abzugrenzen, in denen ausnahmslos Affen arbeiten. Und wenn sie auch das nicht meinen, dann sind sie in der Branche, in der es um sinnfreie Binsenwahrheiten geht, besser bekannt als Unternehmensberatung.

Es sollte sich eigentlich von selbst verstehen – tut es aber nicht –, dass sämtliche Unternehmen von Menschen für Menschen betrieben werden. Wenn Sie ein bisschen rumgekommen sind, werden Sie wissen, dass es wirklich keine geschäftlichen Probleme, sondern nur Probleme mit Menschen gibt. Deshalb wäre auch jedermann absolut begeistert von seinem Job, wenn er sich dabei nicht mit anderen Leuten rumschlagen müsste. Menschen in der Berufswelt lassen sich in drei Kategorien einteilen: Leute, die für Sie arbeiten, Leute, für die Sie arbeiten, und – die lästigste – Kunden.

Der Kniff ist deshalb, Leute exakt so zu behandeln wie im ganz normalen Leben: einfach ignorieren, es sei denn, sie kommen Ihnen in die Quere oder wollen Ihnen Geld geben. Erfolgreiche Manager wissen, dass nichts über persönlichen Kontakt geht. In einer schwierigen und komplizierten geschäftlichen Situation funktioniert daher nichts besser, als eine Person still beiseitezunehmen, sich ihre Anliegen und Probleme anzuhören, auszutauschen, was man weiß, und sie dann zur Sau zu machen.

Leute, die in Büros arbeiten, erklären sehr oft, sie wollten einfach nur wie menschliche Wesen behandelt werden. Das kommt gewöhnlich von solchen Leuten, die vom Management schikaniert, ignoriert und allgemein herumkommandiert werden, von einer Führungsebene also, die, mit Ausnahme vielleicht des Finanzvorstands, zweifelsohne aus menschlichen Wesen besteht. Statt darum zu bitten, wie ein menschliches Wesen behandelt zu werden, wären Sie demnach besser dran, wenn Sie verlangten, wie eine Dose Bohnen behandelt zu werden. Auf diese Weise hätten sie die Garantie, dass man auf ihre Auswahl die allergrößte Sorgfalt verwenden würde, sie sich in einer geschützten Umgebung bei

Idealtemperatur aufhalten und regelmäßig befördert werden würden und allüberall für zufriedene Kunden sorgten.

Kurzum, wenn Sie für eine Firma arbeiten wollen, die sich wirklich um Sie bemüht, vermeiden sie solche, die über Menschen sprechen. Sie gehen genauso mit Menschen um wie Volksrepubliken mit dem Volk. Es gibt einen Test, und nur einen pro Firma, mit dem sich nachweisen lässt, ob diese ihre Belegschaft wirklich wertschätzt: Wenn die Firma ihre Sache gut macht, profitieren Sie, und wenn Sie Ihre Sache gut machen, profitiert die Firma. Und solche Unternehmen kann man an zehn Fingern abzählen.

Nette und glückliche Menschen

Nett sein im Büro ist das Gleiche wie nett sein beim Autofahren – jeder mag Sie, aber Sie kommen kein Stück vorwärts. Nette Leute bringen selbstgebackene Vollkornkekse mit zur Arbeit und stellen eine Schale für alle zur Selbstbedienung hin. Stochern Sie doch mal in der Erde der Topfpflanzen, die in allen Büros rumstehen, dort werden Sie noch Jahre später auf diese sich beharrlich der Verrottung widersetzenden Kekse stoßen. Nette Menschen bieten sich auch freiwillig zum Kaffeekochen an. Das ist nicht unbedingt zu begrüßen, weil sie einfach nicht begreifen können, dass eigentlich jeder gerne starken Kaffee oder Tee trinkt, und der einzige Farbton, den sie hinkriegen, von Inneneinrichtern als «Orchideenweiß» bezeichnet wird.

Wirklich nette Menschen gehen ans Telefon, wenn kein anderer es tut. Dann nehmen sie sich der unsinnigen kleinen Beschwerde irgendeines lästigen Kunden an und sorgen dafür, dass etwas passiert. Natürlich vernachlässigen sie dabei ihre eigenen hochwichtigen Aufgaben in der Abteilung für Arbeitsschutz, wodurch sie zwangsläufig eine entsetzliche Kernschmelze verursachen, die die Hälfte der Belegschaft dahinrafft oder zum Krüppel macht. Nette Menschen sind eine Gefahr.

Überdies ist es sehr schwer, mit ihnen ein Beurteilungsgespräch zu führen. Zum Auftakt überreichen sie einem eine nett verpackte Schachtel mit selbstgebackenen Vollkornkeksen zum Mit-nach-Hause-Nehmen. Anschließend muss man ihnen auseinandersetzen, dass trotz ihrer weltberühmten Nettigkeit ihr finanzieller Beitrag zum Firmenwachstum gleich null ist. Das ist ganz besonders schwierig, wenn es sich zufällig um den Verkaufschef handelt. Glücklicherweise ist die Aussicht, dass sich Nettigkeit und Verkaufsgeschick in einem einzelnen menschlichen Wesen vereinen, verschwindend gering.

Nette Männer verfügen über den zusätzlichen Nachteil der sexuellen Anziehungskraft eines Teekannenwärmers. Sie haben nur eine einzige Chance, mit Frauen auszugehen: Wenn diese sich gerade zwischen zwei Beziehungen zu Arschlöchern befinden. Nette Männer glauben gerne, dass sich unter ihrer weichen Schale aus Nettigkeit ein harter Kern verbirgt. Bei näherer Überprüfung stellt sich gewöhnlich heraus, dass dieser harte Kern aus komprimierter Nettigkeit besteht.

Des Weiteren findet sich im Büro eine kleine, aber nervtötend hartnäckige Gruppe von Menschen, die Spaß an ihrer
Arbeit haben. Sie konsumieren sie wie andere Schokolade
und gönnen sich kleine Extraaufgaben, die ihnen noch mehr
herrliche Arbeit bescheren. Diese Leute pflegen zu ihren
Schreibtischen ein engeres körperliches Verhältnis als mit
ihren Partnern.

Menschen, die im Büro glücklich sind, verfügen über
eine Art unsichtbare stressresistente Beschichtung. Stress
existiert für diese Leute nicht, denn wenn man ihnen einen
Auftrag mit einer schamhaarsträubenden Deadline erteilt,
zaubern sie einen hübsch gebundenen Bericht hervor, den
sie bereits Anfang der Woche erstellt haben, weil es sich um
etwas handelte, was sie wirklich interessierte. Leuten, die
ihre Arbeit lieben, fällt diese offenbar leichter als Normal-
sterblichen. Immer scheinen sie eine Taste am Computer zu
kennen, die fünf Stunden Arbeit einspart und sie mit einem
Lied im Herzen in den Feierabend entlässt.

Für die furchterregende Heiterkeit dieser Leute gibt es verschiedene Erklärungen. In der Medienwelt ist sie ein sicherer
Hinweis darauf, dass sie einen speziellen weißen Süßstoff
über ihre Cornflakes streuen. In der realen Welt verdankt sie
sich der unerschütterlichen Überzeugung, dass ihre Arbeit
dem höheren Wohl der Menschheit dient, selbst wenn sie im
Einpassen eines kleinen Gummiventils in den Auslassstutzen
einer tragbaren Schlammpumpe besteht.

Ab und an verlieren diese glücklichen, lächelnden Menschen durch eine heimtückische Wendung des Schicksals

ihren Job. Das macht sie aber natürlich nicht unglücklich. Vielmehr erklären sie einem drei Monate später, nachdem sie einen Job mit neuen, nie geahnten Höhepunkten der Befriedigung angetreten haben, dass der Verlust des vorhergehenden Jobs das Beste war, was ihnen passieren konnte.

Nervensägen

Unternehmen behaupten wie gesagt oft, Menschen seien ihre wichtigsten Aktivposten. In Wirklichkeit sagen so etwas nur Leute wie Vorstandsvorsitzende, die mit ihren wichtigsten Aktivposten nicht tagein, tagaus klarkommen müssen. Alle anderen, also der gesamte Rest der Firma, wissen, dass normalerweise das Einzige, was der Freude an einem Job in die Quere kommt, die damit einhergehenden Menschen sind.

Einen Chef zu haben, der ein durchgeknallter Kahlschläger ist, findet zwar niemand schön, aber immerhin wissen Sie, woran Sie sind. Auf die Dauer von ein, zwei Jahren gesehen ist es viel schlimmer, wenn am Nachbarschreibtisch einer sitzt, der schnieft. Keine Angewohnheit macht einen so wütend wie Schniefen. Es ist ausgeschlossen, jemanden zu mögen, der schnieft. Schon das Wort macht einen rasend. Und es nützt überhaupt nichts, einem Schniefer ein Taschentuch anzubieten, weil Schniefer sich niemals ordentlich schnäuzen, sondern bloß die Nase abtupfen und dann weiterschniefen.

Jede Angewohnheit kann einem auf die Nerven gehen, sobald man sie einmal registriert hat. Zum Beispiel Leute, die mit einer Hand ihre Haare zurückstreichen und sie dann durch die Finger gleiten lassen. Das sind häufig dieselben Leute, die viel Zeit damit verbringen, überall im Büro Spiegelungen ihrer selbst anzustarren. Sie werden feststellen, dass sie sich in Sitzungen immer so platzieren, dass sie sich in der Fensterscheibe sehen können. Überdies stehen auf ihren Schreibtischen gerahmte Selbstporträts.

Andere Angewohnheiten sind arbeitsbezogen, aber nicht minder nervig, zum Beispiel Leute, die E-Mails mit Klatsch über eine bestimmte Person schnurstracks an diese weiterleiten (haben Sie diesbezügliche Befürchtungen, versenden Sie Ihren Klatsch vom Computer eines Kollegen aus). Genauso ärgerlich sind Leute, die ihre Voicemailbox über Lautsprecher abhören. Um das zügig abzustellen, hinterlassen Sie dort einfach eine Mitteilung, wie unsäglich nervtötend es sei, sich seine langweiligen Nachrichten anhören zu müssen, und warten dann, bis am nächsten Tag das gesamte Büro damit beschallt wird.

Gegen manche Angewohnheiten lässt sich dagegen sehr wenig ausrichten. So gibt es stets eine Person, die sich in der Kantine zu Ihnen setzt. Wo immer Sie sich niederlassen, zu welcher Zeit Sie auch hingehen, jedes Mal steht sie da mit einem Tablett voll Joghurt und Käse und setzt sich Ihnen gegenüber, als wären sie alte Kumpel. Das Tragische daran ist, dass Sie selbst nach fünf Jahren noch nicht wissen, wie diese Person eigentlich heißt. Letzten Endes sind Sie dazu gezwungen, sich ein Sandwich mit an den Schreibtisch zu nehmen und zu behaupten, Sie hätten so viel zu tun.

Im Allgemeinen gilt: Je geringfügiger die Marotte, desto nerviger. Wenn jemand Ihre Kaffeetasse auf Ihrem Mauspad abstellt statt auf dem Filzuntersetzer, den sie extra für diesen Zweck dort liegen haben, wird Sie das wahrscheinlich mehr nerven als schwerwiegendere Angewohnheiten wie die ständige Schließung von Produktionsanlagen durch die Geschäftsführung.

Faulenzer

Heutzutage werden wir im Beruf ermuntert, cleverer zu arbeiten, nicht härter. Das geht allerdings an der Tatsache vorbei, dass es einen harten Kern von Leuten gibt, die weder clever noch hart arbeiten, sondern eigentlich überhaupt nicht. Es handelt sich dabei um die «Menschen mit Motivationsdefiziten», herkömmlich bekannt als faule Säue, und in jedem Büro gibt es mindestens eine davon.

Seltsamerweise sind faule Säue immer die am meisten beschäftigten Kollegen. Wann immer man sie um etwas bittet, können sie einem unmöglich helfen, weil sie viel zu viel zu tun haben. Wird man ärgerlich und erkundigt sich, worum es sich dabei genau handele, präsentieren sie einem eine ellenlange Liste von Sachen, die kolossal wichtig klingen. Die Wahrheit sieht so aus: Hätte man ihnen die gleiche Frage ein Jahr früher gestellt, wäre die Liste exakt dieselbe gewesen.

Faulenzer führen eigentlich ein sehr erfülltes Leben, weil sie für einfachste Dinge wie Fotokopieren scheiß viel Zeit brauchen. Um ihre Tage zu füllen, wenden sie eine Methode an, die dem exakten Gegenteil von Prioritätensetzen entspricht. Sie picken sich nämlich zielsicher den belang- und bedeutungslosesten Aspekt ihres Jobs heraus und widmen ihm ihre gesamte Energie, wenn nicht ihr gesamtes Arbeitsleben. So suchen sie beispielsweise drei Tage lang nach einem Expressaufkleber, um sicherzustellen, dass Ihre Post so schnell wie möglich zugestellt wird.

Der einzige Anlass, bei dem faule Menschen irgendwelche Anzeichen von Aktivität zeigen, sind Sitzungen, in denen es um effizienteres Arbeiten geht. Urplötzlich platzen sie fast vor Maßnahmen und Neuerungen aller Art, die sie allerdings – leider – nicht umsetzen können, weil sie dafür viel zu beschäftigt sind. Dennoch lieben sie Sitzungen und können gar nicht genug davon kriegen, denn für sie sind Besprechungen wie ein Kneipenbesuch: ein angenehmer, entspannender Plausch, bis es Zeit ist, nach Hause zu gehen.

Wenn Sie mit einem Faulenzer zusammenarbeiten müssen, haben Sie zwei Alternativen. Entweder fordern Sie ihn auf, eine Aufgabe zu erledigen, erinnern ihn immer wieder daran, flehen, schmeicheln, drohen, werden von Stress zerfressen, erleiden einen Nervenzusammenbruch, erleben, wie Ihre Ehe scheitert, driften in Alkoholismus und Drogenmissbrauch ab und landen am Ende in der Klapsmühle. Oder Sie erledigen die Sache selbst.

Möglicherweise haben Sie angenommen, Faulenzer bildeten als träge Masse so etwas wie den Bodensatz eines Unternehmens. Das Gegenteil ist der Fall – man findet sie auf allen Hierarchieebenen bis hinauf zum Vorstandsvorsitzenden. Das hat einen schlichten Grund: Wenn im Betrieb etwas schiefgeht, liegt das grundsätzlich daran, dass irgendwer versucht hat, etwas zu tun. Es ist demnach klar ersichtlich, dass, wer nichts tut, auch nicht dafür verantwortlich gemacht werden kann. Leute, die wie eine Niete den ganzen Tag rumhocken und eifrig Büroklammern gerade biegen, sind deshalb die einzigen mit einer einhundertprozentigen Erfolgsbilanz, und mit dieser Höchstleistung steht einem die Welt offen.

Stress

Stress ist im modernen Büroalltag das, was in dessen Anfangszeiten der gestärkte Kragen war: Kein Mensch mag ihn, er erfüllt keinen vernünftigen Zweck, klebt einem im Nacken und nervt. Dabei ist Stress eigentlich etwas Lebensbejahendes. Er beweist Ihnen, dass Sie noch am Leben sind, bis er Sie irgendwann umbringt, und dann verliert er an Einfluss – wozu sich also Gedanken machen?

Manche Leute lieben Stress sogar. Männliche Führungskräfte etwa prahlen auf der Toilette gerne damit und vergleichen die Anzahl ihrer Magengeschwüre, Ehescheidungen und Jahre, die ihnen ihr Arzt noch gibt. Und anschließend schuften diese Mistkerle zwanzig Stunden am Tag weiter, bis sie achtzig sind.

Andererseits ist es nicht mehr akzeptabel zu behaupten, Ihr Job sei stressfrei. Dies zuzugeben impliziert, dass Sie den ganzen Tag wie Gemüse dahocken und in die Luft starren. Sollte Ihr Job wirklich keinen Stress machen, ist er offensichtlich nicht wert, gemacht zu werden, oder irgendetwas Mittelalterliches wie Aalbeobachtung, Steinmetzarbeiten oder Steuereintreibung.

Die beste Methode, Stress zu vermeiden, ist, Stress zu machen. Wenn Sie Chef sind und zu viel auf dem Tisch haben, schieben Sie's einfach einem andern auf den Tisch. Was ist daran Stress? Wenn Sie kein Chef sind, können Sie herumtoben und den Atem anhalten, bis Sie blau anlaufen – und dann wieder aus dem Büroschrank rauskommen und sich still an Ihren Schreibtisch verziehen.

Viele gestresste Berufstätige finden Trost in komplizierten Spielzeugen auf ihrem Schreibtisch, die keinen wirklichen Verwendungszweck haben, jedoch gut zum Herumspielen sind, etwa Computer. Spielzeuge, die den Stress von Führungskräften beträchtlich reduzieren, sind etwa ein funkelnagelneuer BMW der 7er-Reihe oder ein Haus in der Toskana.

Schwer gestresste Bosse geben gerne vor, wie Schokolade zu sein – außen fest, aber mit einer süßen weichen Füllung. Sollten Sie vor lauter Stress Ihren Chef jemals gebissen haben, wissen Sie, dass das stimmt.

Ärger

Tausende von Büchern sind über zwischenmenschliche Beziehungen geschrieben worden und wie man mit seinen Lieben auskommt. Jetzt, da zu Hause alle froh und glücklich sind, sollte sich mal jemand um Beziehungen im Büro kümmern. Schließlich hört man oft, dass Leute taktische Fehler oder Verständigungsprobleme dafür verantwortlich machen, wenn bei der Arbeit etwas schiefläuft. Das heißt im Wesentlichen, dass sich irgendwer irgendwo geärgert hat.

Bedenken Sie, wie einfach es schon daheim ist, jemanden zu verstimmen, und nehmen Sie das mal drei: So einfach ist es, jemanden bei der Arbeit zu verärgern. Dazu addieren Sie noch die Tatsache, dass Sie weder mit demjenigen verheiratet sind noch diese besondere Verbundenheit zwischen Ihnen besteht, die daraus resultiert, wenn man jemanden geboren hat (auch wenn sich das Arbeiten mit manchen Leuten anfühlt, als hätte man es getan).

Die zügigste Methode, im Büro jemanden zu verärgern, ist, seine Arbeit nicht zu würdigen. Anwendungsbeispiele: Hat er eine einstündige Präsentation vorbereitet, fordern Sie ihn auf, sie in fünf Minuten über die Bühne zu bringen; bilden Sie eine Arbeitsgruppe in seinem Spezialgebiet und beziehen Sie ihn nicht ein; veranstalten Sie eine Teamfete, zu der Sie ihn nicht einladen, weil sein Job so einfach ist, dass er nicht wirklich zählt; tragen Sie ihm etwas auf und erklären Sie ihm anschließend bis ins kleinste Detail, wie er es machen soll; ersuchen Sie ihn um zusätzliche Arbeit, die Sie später nicht verwenden; oder fragen Sie ihn ganz einfach, warum er noch nicht längst abgewickelt wurde.

Seinen Chef zu verärgern ist die leichteste Übung (abgesehen davon, dessen Job zu machen, versteht sich). Alles, was Sie tun müssen, ist, in Erscheinung zu treten, und er wird hundertprozentig nicht gut auf Sie zu sprechen sein. Wie Sie sich mit ihm stehen, hängt ganz schlicht davon ab, ob Sie noch jede seiner Launen vorausahnen, Aufgaben erledigt haben, bevor er sie einfordert, und über seine miserablen Witze lachen, nicht jedoch über seinen miserablen Kleidungsstil.

Je tiefer Sie in der Unternehmenshierarchie gehen, desto einfacher wird es, Leute zu verärgern. Wenn Ihre Aufgabe darin besteht, auf einen Knopf zu drücken, sind Sie auf niemanden gut zu sprechen, der Ihnen erklärt, wo, wann und wie er gedrückt werden soll. Nur Leute, die Ihre absolute Meisterschaft im Knopfdrücken oder Formulareausfüllen oder Schlagbaumheben anerkennen, kommen auch in den Genuss dieser besagten Meisterschaft.

Die wirkungsvollste Art und Weise, im Büro etwas erledigt zu bekommen, ist, sich beim letzten Mal bei allen bedankt zu haben. Sollten Sie zu der Sorte Mensch gehören, die anderen auf den letzten Drücker etwas aufbrummt, nach Resultaten schreit und dann kein Wort des Dankes findet, werden Sie es zunehmend schwierig finden, dass überhaupt noch jemand etwas für Sie tut, da alle Ihren Krempel am Boden ihres Eingangskorbs festkleben.

Die einzig wasserdichte Methode, niemals jemanden zu verärgern, besteht in folgendem, vielfach bewährtem Rezept:

Fragen Sie Leute in deren jeweiligem Fachgebiet um Rat, erinnern Sie sich an ihre Namen, hören Sie zu und bedanken Sie sich aufrichtig. Wenn Sie Ihnen dann etwas auftragen, werden sie sich höchst bereitwillig zeigen. Und falls nicht, dann werden Sie einfach sehr, sehr ärgerlich.

Persönliche Krisen

Am unterhaltsamsten im Büro sind persönliche Krisen, also wenn jemandem der Kragen platzt, er zusammenbricht oder einem geschätzten Geschäftskunden erklärt, er könne sich seinen Laden sonst wohin stecken. Jeder hat solche Krisen. Bei manchen besteht sie in einer dreißig Jahre lang still vor sich hin köchelnden Verstimmung, die sich urplötzlich in einem Hautausschlag Luft verschafft. Bei anderen, vor allem Männern, äußert sie sich in sehr lautem Brüllen, Fluchen und Durchs-Büro-Stürmen. Waschechte körperliche Auseinandersetzungen sind selten und pflegen am ehesten zwischen Leuten aus dem Verkauf stattzufinden, die die Feinheiten des Verhandelns verlernt haben.

Während eines solchen männlichen Ausbruchs sollten Sie eisern dem Drang widerstehen zu kichern. Brüllende Männer zeigen alle klassischen Symptome von Unsicherheit, mangelndem Selbstvertrauen und möglicher Impotenz. Sobald sie irgendjemanden beim Kichern erwischen, gehen sie nämlich rasch zur «Sie sind gefeuert»-Phase über, auf die vierundzwanzig Stunden später die Blumenstraußphase folgt und nach einem Monat die Phase der horizontalen Beförderung. Man muss jedoch anmerken, dass nicht alle Männer so sind. Ein heftiger Ausbruch eines Personalchefs ist ungefähr so wahrscheinlich wie ein Geistesblitz des Finanzvorstands.

Weibliche Krisen pflegen sich im Büro mit Tränen und Geschluchze zu äußern. Sobald eine Frau in Tränen ausbricht, finden sich sämtliche Frauen im Radius von fünfundzwanzig Kilometern mit wehenden Taschentüchern ein und beginnen mit einer Generalreinigung. Das liegt an dem starken Instinkt, sich gegenseitig schwesterlichen Rückhalt zu geben, sowie, maßgeblicher, dem brennenden Wunsch, die ganze schmutzige Wäsche und den Tratsch aus erster Hand zu erfahren. Zu den Beschwichtigungen, die Frauen einander in solchen Krisenmomenten sagen, gehört: «Er ist es nicht wert.» Das bezieht sich vermutlich auf die tiefverankerte Überzeugung, dass der fragliche Mann nicht über die professionellen Fähigkeiten verfügt, die sein hohes Gehalt rechtfertigten.

Wie verzweifelt sie auch sein mögen, schnappen sich Frauen immer erst noch ihre Handtasche, bevor sie in Tränen aufgelöst zur Toilette stürzen. Entsprechend schnappen Männer sich stets ihre Brieftaschen, bevor sie aus dem Büro in die Kneipe stürmen, ihrem bevorzugten Ort für Beratungen unter Kollegen. Wie oft Männer dies tun müssen, zeigt nur, wie sensibel sie unter der Oberfläche sind.

Depressionen

Im Berufsleben existieren zwei Arten von Depression. Die erste verwüstet ganze Industrielandstriche rund um den Globus, beschleunigt den Aufstieg von extremem Nationalismus und treibt Staaten in den Weltkrieg. Die zweite äußert sich in der Neigung, in Tränen auszubrechen, sobald ein Blatt Papier auf Ihrem Schreibtisch landet. An einem durchschnittlichen Dienstagnachmittag trifft Sie Letzteres deutlich stärker.

Am schnellsten hebt man seine Laune mit Schokolade und unternimmt unter dem Eindruck des augenblicklich eintretenden Energieschubs einen Klamotteneinkaufsbummel. Was dagegen nicht funktioniert, ist das bekannte «Krieg dich wieder ein». Wenn Sie Sachen so einfach raus- und wieder reinkriegen könnten, wären Sie ein Multifunktionswerkzeug und kein menschliches Wesen. Andererseits ist es aber auch weder ratsam noch akzeptabel, in eine Sitzung zu gehen und zu verkünden: «Ich fürchte, ich habe einen Millionen-Euro-Abschluss vergeigt, aber schreien Sie mich nicht an, ich fühle mich ein bisschen bedrückt.»

In einem Büro brauchen Sie keine Begründung, um sich niedergeschlagen zu fühlen. Tatsächlich ist es weniger wahrscheinlich, dass Sie Trübsal blasen, wenn alles so richtig drunter und drüber geht. Das passiert eher, wenn alles reibungslos vor sich hin plätschert und Sie Gelegenheit haben, sich klar darüber zu werden, dass es Sie einfach nicht weiterbringt – dann nämlich überkommt einen Niedergeschlagenheit. Und immer genau in dieser Phase kreuzt jemand auf und teilt Ihnen mit, er hätte im Lotto gewonnen. Ihre einzige sinnvolle Reaktion darauf ist, den Kopf in eine gepolsterte Versandtasche zu stecken und herzhaft draufloszuheulen. Aber passen Sie auf, dass der Umschlag nicht an die Klapsmühle adressiert ist, denn dann geht's Ihnen erst so richtig dreckig.

Krankfeiern

Angesichts der Zahl zur gleichen Zeit erkrankter Arbeitnehmer erstaunt es keineswegs, dass sich das Gesundheitswesen in der Krise befindet. In Wahrheit geraten die meisten krankgemeldeten Menschen nur dann in die Nähe einer seiner Einrichtungen, wenn sie auf der Heimfahrt von ihren Einkaufstouren an einem Krankenhaus vorbeikommen. Denn Leute feiern immer nur krank, wenn es ihnen gut genug geht, es auch zu genießen.

Man kann maximal drei Tage krankfeiern, bevor man ein ärztliches Attest vorlegen muss. Um das zu bekommen, muss man seit einiger Zeit Praxisgebühr bezahlen. Sie haben vermutlich geglaubt, sich für diese paar Euro mehr ein paar Monate lang wegen eines ebenso bedenklichen wie hässlichen tropischen Magen-Darm-Infekts entschuldigen zu können, der stets um die Zeit der wichtigsten Auswärtsspiele Ihrer Mannschaft aufzuflackern pflegt.

An Werktagen auftretende Krankheiten äußern sich in einer Reihe von Symptomen, deren Anzahl und Heftigkeit gegen acht Uhr dreißig ihren Höhepunkt erreicht, um sich gegen neun Uhr dreißig zu einer leichten, allgemeinen Übelkeit abzuschwächen, deren alleiniges Heilmittel in einem ausführlichen Einkaufsbummel besteht. Das allerbeste Krankfeiern ist natürlich Mutterschaft, da man hierfür monatelang freibekommt. Der einzige Nachteil besteht darin, dass Sie die nächsten zwanzig Jahre lang eine Familie vorweisen müssen, damit das Ganze plausibel wirkt.

Wenn Sie anrufen müssen, um sich im Büro krankzumelden, ist es sehr wichtig, dass Sie sich anhören, als hätte man Ihnen eben mal kurz die Schläuche aus der Nase gezogen und die Sauerstoffmaske entfernt, damit Sie ein paar Sekunden telefonieren können, bevor Sie wieder ins Koma fallen. Das lässt sich auf verschiedenen Wegen bewerkstelligen. Simpel und bewährt ist die Methode, sich Watte in die Nasenlöcher zu stopfen und durch einen Waschlappen zu sprechen. Unter gar keinen Umständen dürfen Sie sich per Handy krankmelden, während Sie auf der Autobahn unterwegs sind und im CD-Player *Walking on Sunshine* läuft.

Extravergnügen

Das Berufsleben wäre vollkommen unerträglich, gäbe es nicht die kleinen Extravergnügen, die wir uns gönnen, um den Horror abzumildern, dass wir Verantwortung übertragen bekommen haben, in Teams arbeiten und Kunden zufriedenstellen.

Umsichtige Zeiteinteilung kann zu allen möglichen Extravergnügen führen. Wenn Sie beispielsweise einen Außentermin auf zehn Uhr fünfundvierzig legen, können Sie bis um neun im Bett bleiben. Wenn Sie ohnehin viel unterwegs sind, können Sie gleich zwei Termine vereinbaren, einen mitten am Vormittag, den anderen am späten Nachmittag, dies gewährt Ihnen einen großzügigen Sicherheitsabstand zwischen beiden. Auf diese Weise können Sie sich zu dem erstaunlich hohen Anteil Berufstätiger gesellen, die auf malerischen, ländlichen Parkplätzen stehen mit einer Thermoskanne Kaffee, Zeitung und sicherheitshalber ausgeschaltetem Handy.

Sind Sie dagegen ans Büro gefesselt, gibt es diverse andere Möglichkeiten an Extravergnügen. So können Sie einen Termin mit Ihrem Lieblingskollegen vereinbaren, fünf Minuten arbeiten, den Rest der Stunde mit ausführlichem Plaudern über Gott und die Welt füllen und dabei einen Teller süße Teilchen verdrücken. Sind Sie an Ihren Computer gefesselt, können Sie immer noch blutrünstige E-Mails über Ihren Chef austauschen, sogar wenn er Ihnen direkt gegenübersitzen sollte. Wenn Sie niemanden zum E-Mailen haben, schalten Sie Ihr Hirn in den Leerlauf und verbringen Sie den Nachmittag damit, Ihre Dateien neu zu ordnen oder herauszufinden, was sich mit den kleinen Zeichen auf der Symbolleiste alles anstellen lässt.

Männer und Frauen haben unterschiedliche Extravergnügen. Das schönste für Männer besteht darin, sich mit einem Stapel Zeitschriften aufs Klo zu verziehen und dort zufrieden drei Stunden hocken zu bleiben (manche Männer gönnen sich das an jedem Morgen ihres Arbeitslebens). Frauen gönnen sich dagegen häufig einen kleinen Einkaufsbummel in der Mittagspause, bei dem sie etwas vollkommen Überflüssiges erstehen. Das hat den doppelten Vorteil, dass sich den ganzen Nachmittag eine hübsche Einkaufstüte unterm Schreibtisch kuschelt und man darüber hinaus etwas hat, das man am nächsten Tag wieder zurückbringen kann.

Manche Leute bereiten sich ihre kleinen Extravergnügen auf derart subtile Weise, dass man es kaum bemerkt. Zum Beispiel indem sie eine Post-it-Notiz schreiben, nicht ans Telefon gehen, ihren Kaffee mal mit statt ohne Milch trinken oder mit wichtigen Papieren unterm Arm den ganzen Tag lang im Flur auf und ab gehen und dabei eigentlich bloß die Bewegung genießen. Andere Extravergnügen grenzen ans Exzentrische. So etwa das Vortäuschen eines Zusammenbruchs mit anschließendem ausführlichem Geplauder mit der Personabteilung, um an eine teilnahmsvolle Zuteilung aus deren Notvorrat an Schokoriegeln zu gelangen.

Wenn Sie mal ein Superextravergnügen brauchen, ist eine perfekte Methode, zwar zur Arbeit zu gehen, aber trotzdem den ganzen Tag freizuhaben. Man staunt, wie mühelos ein Schwätzchen in der Kaffeepause, ein langes Privattelefonat, eine ausgedehnte Mittagspause und ein frühes Aufbrechen ineinander übergehen können. Tatsächlich gibt es kein größeres Vergnügen, als im Büro zu sein, alle anderen beim Arbeiten zu beobachten und zu wissen, dass man für absolutes Nichtstun eine Stange Geld verdient.

7 Stifte und Papier

Materialschränke

Materialschränke sind die Süßwarenläden des Bürolebens, ein buntes Sortiment zahlloser hübscher Kleinigkeiten, die man nicht wirklich braucht und trotzdem eine Handvoll davon nimmt. Die angesagtesten Artikel im Materialschrank sind Textmarker. Sie heben die sinnvollen und wichtigen Passagen in Schriftstücken hervor und beweisen, dass die meisten Schriftstücke zu fünfundneunzig Prozent nichts taugen. Aufkleber mit dem Aufdruck «Erledigen» gehen weg wie warme Semmeln, weil sie den Eindruck vermitteln, Sie täten etwas. Im Grunde sind Materialschränke eine Art Arbeitsersatz, was Sie feststellen werden, wenn Sie die ersten drei Punkte auf Ihrem «Erledigen»-Block notieren: 1. Markiere Schriftstücke. 2. Loche Schriftstücke. 3. Staple Schriftstücke.

Kugelschreiber sind wie japanische Autos: Sie sind billig, man kann sofort mit ihnen loslegen, und es gibt sie in vielen Farben. Natürlich haben japanische Autos nicht diese rätselhaften Aufdrucke auf einer Seite. Für eine schwer gestresste Führungskraft ist ein Kugelschreiber zudem eine komplette Mahlzeit. Zunächst biegt man den Clip ein Stück zurück und beißt ihn ab. Danach nimmt man das hintere Ende mit den Zähnen in die Mangel, zuzelt den kleinen Druckknopf heraus und zermalmt anschließend das Stiftgehäuse. Ein gewöhnlicher Kugelschreiber zählt als eine Ihrer fünf Tagesrationen Obst und Gemüse.

Im Gegensatz zu Babys neigt Tesafilm dazu, mit zunehmendem Alter immer anhänglicher zu werden. So werden Sie, wenn Sie eine neue Stelle antreten, ein Poster mit Sprüchen aufhängen wie «Man muss nicht verrückt sein, um hier zu arbeiten, aber es hilft», das Sie ziemlich schnell wieder entfernen müssen, wenn Sie dazu befördert wurden, Personal für die Sozialstelle Ihrer Firma einzustellen. Leider hat der Tesafilm inzwischen die Haftkraft einer analfixierten menschlichen Klette entwickelt, und Sie werden dabei wahrscheinlich einen Zentner Verputz ab- sowie den größten Teil Ihres Büros niederreißen.

Es ist eine betrübliche Tatsache, dass der Durchschnittsmensch gut zehn Meter Tesafilm im Jahr verbraucht, was ungefähr einer halben großen Rolle entspricht. Derselbe Durchschnittsmensch entnimmt dem Materialschrank jedoch jährlich sechs Rollen. Das sind ungefähr achthundert Prozent mehr, als er braucht. Wohin geht das ganze Zeug also? Die glaubwürdigste Theorie ist, dass erkleckliche Mengen den bizarren männlichen Fesselspielchen in der Verkaufsabteilung dienen.

Büroklammern sind Gestaltungsklassiker. Biegen Sie eine auf, und Sie können alles Mögliche daraus machen: Autoantennen, ein handliches Ohrsäuberungsinstrument oder ein praktisches Werkzeug, um Heftklammern zu entfernen. Wenn Sie fünfhundert Memoranden verteilen müssen, werden Sie diese wohl kaum mit Klammern zusammenheften, es sei denn, Sie betrieben ein kleines Familienunternehmen und wollten Ihre Großmutter aus steuerlichen Gründen bis Jahresende voll ausgelastet wissen. Wichtige Präsentationsunterlagen werden säuberlich gebunden. Das verleiht Ihren Geschäftsberichten ein elegantes und professionelles Aussehen, wenn auch ohne Seite 4, die noch immer friedlich im Kopierer liegt.

Schreibgeräte

Im Büroleben sagt Ihr Schreibgerät mehr über Sie aus als das, was Sie damit schreiben. Manche Leute haben einen einzigen, ganz besonderen Stift, den sie schon seit Jahren besitzen und so lieben, dass sie kurz vor der Passkontrolle nochmal umkehren würden, wenn Sie ihn auf einer Geschäftsreise irgendwo verbummelt hätten.

Als allgemeine Regel gilt: Je teurer Ihr Schreibgerät ist, desto seltener benutzen Sie es wahrscheinlich. Dicke schwarze Lackfüller, deren Aufschrauben zwei Minuten in Anspruch nimmt und deren Feder einen höheren Goldanteil aufweist als ein durchschnittlicher Ehering, werden ausschließlich von dicken Firmenvorstandsvorsitzenden benutzt, um damit noch fettere Schecks dieser Firmen für sich selbst auszustellen.

Die meisten fleißigen Menschen benutzen dagegen hundsgewöhnliche Kulis, aber Obacht vor solchen, die rote bevorzugen (Neigung zu Chefallüren und kleinlicher Tyrannei) oder grüne (Neigung zu Verschrobenheit und übermäßiger Körperbehaarung) oder mehrfarbige (wahnsinnig). Leute mit Tintenrollern sind in der Regel total chaotisch, ohne jegliche Disziplin oder Lebensplanung und mit einer Handschrift, die aussieht wie ein Drachenkunststück aus der Vogelperspektive.

Leute, die bei der Arbeit Bleistifte einsetzen, sollten mit tiefem Misstrauen betrachtet werden. Die erste Sorte sagt: «Lassen Sie mich kurz skizzieren, was ich meine», woraufhin die gesamte Mannschaft eine halbe Stunde ausharren muss, während sie irgendeine Zeichnung von zwei sich überschneidenden Kreisen anfertigen, die sich eigentlich unmittelbar erschließt. Die zweite Sorte sind die Bleistiftschnitzer, die ein und denselben verhutzelten Stummel schon seit kurz vor Einführung des Dezimalsystems spitzen. Sie lieben nichts mehr, als ihren Bleistift anzulecken und Sachen zusammenzuzählen. Die Bleivergiftung, die sie sich dadurch zwangsläufig zuziehen, führt dazu, dass sie damit enden, bizarre Dinge wie Zugnummern oder UFO-Sichtungen zu addieren.

Hüten Sie sich vor Managern, die Drehstifte mit superfeinen ausfahrbaren Minen benutzen. Sie neigen zu einer sehr chirurgischen Vorgehensweise und schreiben für ihre

Sitzungstermine 11:05 statt 11 Uhr. Gewöhnlich handelt es sich dabei um wählerische Menschen mit verhärmten Gesichtern, die ihre Drehstifte wie Spritzen einsetzen und damit Schmerz in die Terminkalender und den Arbeitsalltag von Menschen injizieren.

Heutzutage arbeiten viele Leute mit Hightechstiften mit ausgefallenen Griffen und speziellen Spitzen, die beim Schreiben fünfstelliger Rechnungsbeträge einen geschmeidigen Tintenfluss gewährleisten sollen, eine Fähigkeit, die für die meisten Büromenschen unerlässlich ist. Verfügt Ihr Stift hingegen an seinem Ende über eine bunte Plastikfigur, auf der Sie gelegentlich herumkauen, ist das ein sicherer Hinweis darauf, dass Ihnen Beförderung und irdischer Erfolg nicht beschieden sind. Sollte die Plastikfigur allerdings eine Nachbildung Ihres Chefs sein, und Sie nagen ihm den Kopf ab, werden Sie es weit bringen.

Hin und wieder kommt Ihnen ein Stift unter, mit dem sich äußerst angenehm schreiben lässt und der Ihre Handschrift auf der Stelle verbessert. Das ist generell der, den Sie sich auf einer Sitzung gerade von jemandem ausgeliehen haben. Lassen Sie ihn an deren Ende in Ihre Tasche gleiten, wahrscheinlich wird es der Betroffene gar nicht bemerken, jedenfalls nicht bis zu seiner nächsten Geschäftsreise kurz vor der Passkontrolle.

Papier

Papier ist die Nahrung des Bürolebens. Abgesehen von der Tatsache, dass wohl eher Sie von Papier verschlungen werden als umgekehrt. Ist Papier die Nahrung des Bürolebens, dann ist das einzelne DIN-A4-Blatt unser tägliches Brot. Auf ihm sind sämtliche spektakulären Katastrophen des Arbeitslebens gewissenhaft niedergelegt worden, und irgendwer hat dann gesagt: «Na, auf dem Papier sieht es doch gut aus.»

Papier hat etwas trügerisch Argloses. Nichts ist aufregender und so voller Potenzial wie eine leeres Blatt Papier. Ulkigerweise ist dagegen kaum etwas annähernd so öde wie eine vollgeschriebene Seite. Das mag etwas damit zu tun haben, dass nichts mühsamer ist, als ein Blatt Papier mit Inhalt zu füllen, mit anderen Worten: sinnvolle Arbeit zu leisten. Das Leben wäre bedeutend leichter, wenn wir alle einfach leere Papierseiten herumgehen lassen könnten, die vor Potenzial nur so strotzen.

Da neunundneunzig Prozent aller Arbeit auf DIN-A4-Papier erledigt wird, können Sie ziemliches Aufsehen erregen, indem Sie Ihre Arbeitsresultate auf DIN A3 vergrößern. Und wenn Sie Ihre Botschaft wirklich rüberkriegen wollen – warum sie nicht auf A1 hochkopieren und mitten auf dem Schreibtisch von jedem entrollen, der sie lesen soll? Das hält davon ab, sie einfach abzuheften oder unter einen Haufen anderen Müll zu schieben. Man weiß ja nie, vielleicht wird sie sogar gelesen. Wenn hingegen Ihr Chef einen umfangreichen Bericht erwartet, warum das Ganze nicht mal im zierlichen A6-Format ausdrucken, zusammenheften und daraus *Das kleine Buch der Umsatzzahlen* machen?

Selbst das alte langweilige A4-Papier kommt mittlerweile in allen möglichen Formen und Größen daher. Man kriegt Velinpapier, glatt wie ein Kinderpopo, oder Büttenpapier, ebenfalls glatt wie ein Kinderpopo, jedenfalls wenn er geraume Zeit in der Badewanne verbracht hat. Freiberufler, die Eindruck schinden wollen und ihre exorbitanten Honorare rechtfertigen müssen, greifen gern auf dieses schwerere, raue Papier zurück. Sie verbinden damit gewöhnlich die Hoffnung, dass ihre geistlosen kleinen Schreiben dadurch eine ähnliche Bedeutung erlangen wie die Schriftrollen vom Toten Meer. Unbeabsichtigterweise erzielen sie damit insofern eine vergleichbare Wirkung, als diese Schriftstücke normalerweise unverzüglich abgeheftet werden und für Jahrhunderte in Vergessenheit geraten.

Nach einer Redensart ist eine Aufgabe nicht eher abgeschlossen, bis auch der Papierkram erledigt ist. Heutzutage ist sie allerdings nicht mehr so gebräuchlich, weil die Tätigkeit der meisten Menschen aus Papierkram besteht. Sie zu benutzen wäre ungefähr so, als ob man einem Schiffsbauer erklärte: «Dein Auftrag ist nicht beendet, bevor das Schiff gebaut ist» – was unmittelbar einleuchtet und Ihnen einen Metallbolzen in der Stirn eintragen könnte. Allerdings besteht dennoch ein gewisser Unterschied, da man ein Schiff tatsächlich vom Stapel lassen kann und es am Horizont verschwinden wird, wohingegen Sie Ihren Papierkram abschließen können, nur damit er vervielfältigt wird und am nächsten Tag wieder auf Ihrem Schreibtisch liegt.

Briefumschläge

Seien Sie vorsichtig, wenn jemand bemerkt, er könne sein gesamtes Wissen zu dem Thema, das Sie beide gerade diskutieren, auf der Rückseite eines Umschlags unterbringen. Angesichts der unermesslichen Auswahl an Briefumschlägen im Materialschrank könnten Sie es tatsächlich mit dem weltweit führenden Experten auf diesem Gebiet zu tun haben. Umschläge können sehr verwirrende Bezeichnungen haben. Bedeutet beispielsweise «selbstklebend», dass Sie ihn selbst zukleben müssen oder er es selbsttätig tut? Sollten Sie dies vor einer großangelegten Massensendung durcheinanderbringen, könnte das dazu führen, dass Sie viertausend Umschläge anlecken müssen und Ihre Zunge hinterher eine Fliegenfalle ist.

Der verbreitetste Briefumschlag im Büro ist das Standardmodell, in dem man gefaltete DIN-A4-Briefe mit der Anrede Liebe Frau ... / Lieber Herr ... versendet. Manchmal haben diese Umschläge kleine Adressfenster, was bedeutet, dass Sie einen Brief sechsmal ausdrucken müssen, bis die Adresse an der richtigen Stelle sitzt. In der Regel werden von Behörden braune, von der Privatwirtschaft weiße Umschläge verwendet. So oder so, beide wollen Geld von Ihnen.

Auf der einen Seite mit Paketband zugeklebte gepolsterte

Umschläge halten so ziemlich allem stand, einschließlich Öffnungsversuchen an ihrem anderen Ende. Da sie praktisch unbezwingbar sind, läuft alles darauf hinaus, dass Sie auf ihnen herumstampfen, sie mit einem Riesenmesser aufschlitzen und alles zerstören, was sie so sorgfältig verpackt enthalten.

Reycling

Wiederaufbereitung war schon immer ein wesentlicher Bestandteil des Wirtschaftslebens, insofern die meisten Leute die gleichen ollen Sachen zum gleichen ollen Preis an die gleichen ollen Leute verkaufen. Diese Sachen mögen dennoch neu aussehen, schließlich ist es die Aufgabe von Werbung und Design, irgendwelche modischen Kunstgriffe immer wieder zu recyclen und auf den altmodischen Toilettenreiniger anzuwenden, um ihn als die angesagteste, coolste und irrste Neuigkeit erscheinen zu lassen, die man je das Klo runterspülen wollte.

Zum Recycling im Büro gehören heutzutage spezielle Abfallbehälter für Altpapier. Müsste man dort alles hineinwerfen, was Büromenschen so an schriftlichem Mist verzapfen, würde praktisch sämtliches anfallende Papier recycelt. Tatsächlich könnte man sich einen Großteil seiner täglichen Arbeit sparen, wenn diese Abfallbehälter direkt von den Druckern aller Angestellten gespeist würden.

Wenn für jedes A4-Blatt, das Sie benutzen, fünf Cent fällig wären, würde das papierfreie Büro mit ziemlicher Sicherheit über Nacht Realität – und die interne Kurzmitteilung damit genauso selten wie ein Personalchef mit Brustbehaarung. Das einzig andere, was Sie normalerweise wiederverwerten müssen, ist ausgerechnet das, was Sie am allerliebsten auf Nimmerwiedersehen entsorgen würden: die Tonerkartusche für den Kopierer.

Manche Firmen sind so umweltbewusst, dass sie sogar ihre eigenen Leute recyclen. Jedes Jahr feuern sie ungefähr die Hälfte und verbringen dann den Rest des Jahres damit, Tausende von Euro dafür auszugeben, andere Leute für die exakt gleiche Aufgabe anzuheuern. Natürlich ist es niemandem ernster mit dem Recycling als der Geschäftsleitung, deshalb besteht sie auch darauf, jedes Jahr einen neuen Firmenwagen zu bekommen und Ihnen all Ihre Arbeitsergebnisse unberührt, ungelesen und unbeachtet wieder zurückzugeben, damit Sie alles nochmal machen können.

Wandkalender

Ein unentbehrliches Accessoire im Arsenal des Auf-die-Uhr-Kuckers ist der Wandkalender. Im Januar, wenn alle wieder ins Büro kommen, findet eine Ausstellung der neuen Modelle statt. Es gibt sie in vielen verschiedenen Ausführungen, und sie geben deutlichen Aufschluss darüber, was für eine Sorte Mensch man ist. Daher ist es ratsam, sich gründlich Gedanken zu machen, bevor man die Reißzwecke zückt.

Wenn Sie einen Kalender aufgehängt haben, auf dem

sich nichts als die Tage eines Monats in großen schwarzen Zahlen und Buchstaben befinden und höchstens Feiertage als zusätzlicher Reiz rot markiert sind, dann haben Sie ganz offensichtlich die Persönlichkeit eines Gefrierbeutels. In der geringfügig besser ausgestatteten Personalabteilung wird man sich vielleicht für einen Kalender entscheiden, den ein Anbieter für Heiz- und Klimasysteme großzügigerweise zugeschickt hat und der aufwendige Vierfarbdrucke von superflachen Heizkörpern und Auslassabdeckungen von Absauggebläsen darbietet. Solche Kalender werden in der Regel von Leuten aufgehängt, die sich ausschließlich dafür interessieren, welcher Tag gerade ist.

Dennoch hängt die Mehrzahl der Menschen Kalender auf, damit sie auf etwas Reizvolleres blicken können als irgendeinen fremden Nacken oder die Wand ihrer Arbeitsnische. Abgesehen von Mechanikern in kleinen Provinzautowerkstätten haben Männer keine Pin-up-Kalender mehr, weil sie sich von dieser patriarchalen sexistischen Unterdrückungsgeste komplett emanzipiert haben. Stattdessen haben sie jetzt Kalender mit stimmungsvollen, sinnträchtigen und impressionistischen Schwarz-Weiß-Fotografien, gewöhnlich von nackten Frauen.

Viele größere Büros haben jegliche Form von Pin-up-Kalender verboten, weil sie die Gefühle mancher Menschen verletzen könnten. Dennoch scheinen sich diese Restriktionen nicht auf Kalender wie *Freche Welpen* oder *Zauber der Berge* zu erstrecken, die andere Leute durchaus vergleichbar abstoßend finden könnten. Von gutaussehenden Menschen als Motiv einmal abgesehen, vermitteln Kalender ein ebenso deutliches wie besorgniserregendes Bild unserer Obsessionen: heiter bemalte Traktoren, hinter Pflügen herflatternde Möwen und mit Wollknäueln spielende Katzen.

Generell lässt sich sagen: Je weniger Sie arbeiten, umso wahrscheinlicher verfügen Sie über einen Wandkalender, einen Tischkalender und eine Eieruhr auf Ihrem Schreibtisch. Denn je langweiliger Ihr Job ist, desto mehr zählen Sie die Stunden und Tage, bis Sie ihn hinter sich haben. Um der Gefahr zu entgehen, Ihr gesamtes Leben an sich vorbeigleiten zu sehen, sollte es Kalender mit Abbildungen von Kreuzworträtseln, Gehhilfen und Filzpantoffeln geben, um Ihnen ständig bewusst zu halten, was Sie am Ende Ihres Arbeitslebens erwartet. Tatsächlich sind die meisten Büroangestellten viel zu beschäftigt, um überhaupt Zeit für einen Kalender zu finden. Am Ende des Jahres zeigen jedenfalls die meisten Kalender noch den Februar, weil dies das letzte Mal war, als Sie einen Moment Luft hatten, ihn umzublättern. Entweder dies, oder er zeigt eine wirklich ganz besonders reizvolle Auslassabdeckung eines Absauggebläses.

Tischkalender

Einer der Gründe, warum Jonathan Swifts Tagebücher Klassiker wurden, liegt daran, dass sie nicht vor Eintragungen strotzen wie «Situationsbesprechung mit Martin in der IT-Abteilung». Noch nie hat jemand einen Tageskalender, wie sie üblicherweise auf Schreibtischen herumliegen, veröffentlicht, denn je mehr Sie dort hineinschreiben, umso langweiliger wird es. Diese Dinger sind zum Eintragen und Nachschauen da, nicht zum Schreiben und Lesen. Das unterscheidet sie von einem Tagebuch, selbst wenn sie auf den ersten Blick wie eines aussehen. Kein normaler Mensch hebt seinen Schreibtischkalender zwanzig Jahre lang liebevoll auf, klopft den Staub ab und erinnert sich mit wehmütigem Lächeln, dass er einen Großteil des Jahres 2005 in Besprechungen mit Martin aus der IT-Abteilung verbracht hat.

Fragt Ihr Chef, wann Sie Zeit für eine Sitzung hätten, werden Sie kaum als schwerarbeitendes Schlüsselmitglied Ihres Teams rüberkommen, wenn Sie Ihren Schreibtischkalender aufschlagen und alle angesichts der weißen Flächen darin schneeblind werden. Nur Geschäftsführer haben derart weiße Kalender, weil jedermann annimmt, sie seien viel zu beschäftigt, um Zeit für Besprechungen zu haben. Weiße Flächen in einem Schreibtischkalender sind wie weiße Flächen überall: Sie laden Vandalen ein, etwas wie «Bilanzsitzung von 8 bis 12» mitten hineinzuschreiben. Ein schmaler Strich quer durch die Tagesmitte kann dies ebenso verhindern, wie ein dünner Draht auf dem Fenstersims Tauben davon abhält, weiße Fassaden einzusauen.

Manche Führungskräfte geben vor, nie zu wissen, was als Nächstes ansteht, weil ihre Sekretärinnen ihren Terminkalender führten. Allerdings reagieren Sekretärinnen auf die Frage, ob man mit dem betreffenden Manager sprechen könne, gern mit der Gegenfrage: «Wer soll das sein?» Andere

Führungskräfte wiederum behaupten, in den nächsten zwölf Monaten keinen einzigen freien Termin zu haben, und sitzen trotzdem jedes Mal an ihrem Schreibtisch, um einem ebendies mitzuteilen. Vertrauen Sie niemandem, der erklärt, er habe ein Zeitfenster in seinem Terminkalender – da versucht vermutlich einer, Ihnen Doppelglasfenster anzudrehen.

Die mit Abstand häufigsten Einträge in Terminkalendern betreffen Sitzungen. Es ist bestürzend leicht, ihn damit zu füllen, und wenn man nach vierzig Jahren endlich in Rente geht, begreift man, dass man für seine eigentliche Arbeit im Grunde nie Zeit hatte. Sollten Sie befürchten, dass das auch auf Sie zutrifft, schauen Sie doch einfach in Ihren Terminkalender und zählen Sie nach, was Sie im, sagen wir: letzten Monat auf die Reihe bekommen haben (außer Sitzungen).

Schreibtischkalender stecken voll zahlreicher, wichtiger Informationen, etwa über den Tidenhub oder kanadische Feiertage. Das deckt sich mit der absoluten Begeisterung der Kanadier für Flut. Des Weiteren kann man ihnen entnehmen, dass die Währung von Malawi Kwacha heißt. Sollten Sie durch irgendein Wunder jemals wissen wollen, wie die Währung von Malawi heißt, wäre allerdings der letzte Ort auf Erden, wo Sie nachsehen würden, auf den hinteren Seiten Ihres Schreibtischkalenders. Interessanter sind ohnehin die Kleinigkeiten persönlicher Natur, die Leute dort eintragen. Halten Sie Ausschau nach Sternchen, die bedeuten entweder, dass jemand seine Tage hat oder eine heimliche Liaison. In beiden Fällen empfiehlt sich, Stimmungsschwankungen und Veränderungen in der äußeren Erscheinung nicht zu kommentieren.

Informationen, denen man in einem Schreibtischkalender nicht entgehen kann, ist das Zeug, das immer bei den einzelnen Wochentagen steht. So kann es zum Beispiel an einem Montagmorgen recht bitter sein festzustellen, dass auf den Fidschi-Inseln Feiertag ist. Wer an einem so herrlichen Ort wie den Fidschi-Inseln lebt, verdient einfach keine Feiertage. Genauso deprimierend sind diese kleinen Zahlen wie 234-131. Sie zeigen Ihnen an, wie viele Tage Sie im laufenden Jahr noch zu arbeiten haben, um Ihr finanzielles Planziel zu erfüllen. Sobald die zweite Zahl beginnt, nach Einkaufstagen bis Weihnachten auszusehen, sollten Sie ernsthaft daran denken, endlich ein paar Verkaufsabschlüsse zu tätigen. Am Ende eines Schreibtischkalenders befindet sich schließlich eine Übersicht des folgenden Jahres. Die könnten Sie einfach quer durchstreichen und groß «Besprechung mit Martin aus der IT-Abteilung» neben den Strich schreiben, damit wäre die Sache erledigt.

Organizer

Wichtige Leute in der Medienbranche besitzen überdimensionale, dicke Organizer, die aussehen wie die ledergebundenen Folianten der Mönche im Mittelalter. Eigentümlicherweise sehen die Leute, die sie heutzutage mit sich rumschleppen, auch aus wie Komparsen aus *Der Name der Rose*. In diesen

Organizern führen die Medientypen ihr gesamtes Leben mit sich, und wenn sie sie verlieren, hören sie für ungefähr ein Jahr einfach komplett auf zu existieren, was für uns andere eine große Erleichterung darstellt.

Organizer in Papierform sind allerdings ein bisschen out. Inzwischen gibt es äußerst schlaue kleine elektronische Geräte, die in die Jackentasche passen und über eine Rechenleistung verfügen, die der des belgischen Verteidigungsministeriums entspricht. Bittet man allerdings den Besitzer eines solchen Teils um einen Termin, ist ein dreistündiges Programmieren erforderlich, bevor er Ihnen mitteilt, dass die einzige freie Zeit, die er hatte, die letzten drei Stunden waren.

Noch schlimmer sind die neuen Kommunikationsmittel, die Telefon, Fax, E-Mail und Fotokopierer mit Sortierfunktion in einem einzigen Gerät von der Größe eines Hörgeräts vereinen. Leute, die so ein Ding besitzen – und aus irgendeinem Grund sind dies immer solche, die irgendeiner unbedeutenden Tätigkeit nachgehen –, werden Ihnen versichern, dass sie damit die gesamte Firma von überall auf der Welt aus leiten könnten. Dafür, dass sie überall auf der Welt arbeiten können, verbringen sie jedoch enorm viel Zeit damit, ihre technischen Spielereien im Büro herumzuzeigen.

Taschenrechner

Taschenrechner sind heutzutage allgegenwärtig. Tatsächlich ist der einzige Ort, an dem man sie nicht findet, eine Tasche.

Sie sind inzwischen so billig geworden, dass sich alles und jedes praktisch kostenneutral damit ausstatten lässt, weshalb man Dinge wie Bügelbretter mit eingebautem Rechner kaufen kann, um die exakte Bügelzeit pro Unterhose zu ermitteln.

Generell gilt: Je größer der Rechner, desto bedeutungsloser sein Besitzer. Die lächerlichsten Leute haben Rechner mit Tasten groß genug für eine Schweineklaue, einem riesigen Pluszeichen, das man mit der Handfläche bedienen kann, und einer kleinen Papierrolle, die am laufenden Band all diese unverzichtbaren kleinen Geldbeträge ausspuckt. Sollten Sie einen solchen oder insgesamt mehr als drei gewöhnliche Rechner Ihr Eigen nennen, sind Sie bestens ausgerüstet, den genauen Prozentsatz Ihrer Erbärmlichkeit zu berechnen.

Hat Ihr Rechner mehr als vierzehn Euro gekostet, ist es wahrscheinlich ein wissenschaftlicher. Nichtsdestotrotz ist er sein Geld wert, weil Sie nie wissen können, wann Sie bei der Arbeit mal den Winkel zwischen Hypotenuse und Gegenkathete ausrechnen müssen. Niemand hat je sämtliche Tasten eines wissenschaftlichen Rechners benutzt, vermutlich weil die Hälfte davon eigentlich funktionslos und nur dazu da ist, um Leute zu beeindrucken, die es wegen Mathe nicht auf die höhere Schule geschafft haben.

Die meisten Rechner sind mittlerweile solarbetrieben. An der Nordseeküste und in Ländern wie Irland oder Großbritannien funktionieren sie also ungefähr drei Tage im Jahr, lange genug immerhin, um die durchschnittliche Jahresniederschlagsmenge auszurechnen. Die allerneuesten Rechner interagieren sogar mit einem. So packt etwa der Rechner des Bäckers aus purer Freundlichkeit ein bisschen mehr in die Tüte, während der Rechner eines Finanzchefs Ihnen erst den Gesamtbetrag ausspuckt und dann die Mitteilung: «Sieht nicht so gut aus, wie?» In der Werbebranche werden alle Summen automatisch verdoppelt und erscheinen mit der Mitteilung «Kreativität ist unbezahlbar».

Fotokopierer

Der Unterschied zwischen einem gewöhnlichen Standard-kopierer im Büro und dem jährlichen Straßenfest besteht darin, dass das Straßenfest nur einmal im Jahr einen Stau verursacht. Fotokopierer verfügen über drei Funktionsstu-fen: an, aus und außer Betrieb. Letztere ist die naturgemäße Ruhestufe des Geräts zwischen den ersten beiden Funktio-nen. Wären Kopierer Autos, könnten Sie fünf Kilometer da-mit fahren, bevor Sie eine Motorpanne haben, wobei es sich bei diesen fünf Kilometern in der Regel um die Fahrt zu einer lebensrettenden Operation ins Krankenhaus handelte.

In der Zwischenzeit gibt es äußerst ausgefallene Hightech-modelle auf dem Markt, die Ihnen innerhalb einer Minute einhundert sortierte Kopienstapel liefern. Bedauerlicherwei-se ist die Technologie derart aufregend, dass Sie häufig am Ende mit einhundert sortierten weißen Seiten dastehen, weil Sie das Original falsch herum eingelegt haben.

Unter männlichen Büroangestellten ist es ein altehrwürdiger Brauch, dass während einer Büroparty die leicht verführbaren unter ihnen beschließen, es sei an der Zeit, ihre Genitalien zu fotokopieren. In diesem Stadium ist es immer interessant darauf zu achten, wer von ihnen die Vergrößerungstaste drückt. Wenn Sie an diesem Ritual teilnehmen wollen, sollten Sie darauf achten, es zu tun, bevor Sie allzu betrunken sind, da Sie andernfalls versehentlich im Reißwolf landen könnten.

Es gibt zwei Sätze, vor denen jeder durchschnittlichen Sekretärin graut. Der eine lautet: «Könnten Sie heute etwas länger bleiben?» Der andere: «Füllen Sie Toner nach.» Toner für Fotokopierer wurde so entwickelt, dass er nur an den Tagen ausgeht, an denen Sie Ihre neue cremefarbene Seidenbluse tragen. Wie vorsichtig Sie ihn auch wechseln, die Bluse wird hinterher aussehen wie der Blaumann eines Minenarbeiters. Vor diesem Hintergrund wundern sich die Leute oft, warum ausgerechnet Servicemechaniker immer in so flotten Monturen aufkreuzen. Die Antwort ist, dass alles, was sie je tun, darin besteht, den Deckel aufzuklappen, geräuschvoll einzuatmen und Ihnen zu erklären, Sie müssten ein neues Gerät bestellen, das mehr kostet als Ihr Jahresgehalt und kurz vor Ihrer Pensionierung geliefert wird.

Nichts hemmt den menschlichen Fortschritt so beharrlich wie Fotokopierer. Büros wären glücklichere Orte, wenn die Geräte Kolben hätten und auf einen ordentlichen Hieb mit dem Schraubenschlüssel reagieren würden, den ihnen ein ehemaliger U-Boot-Heizer versetzt. Stattdessen machen Geräte und insbesondere Bürogeräte heutzutage zunehmend einen auf Sensibelchen und wollen einfach nicht funktionieren, solange sie nicht im Zentrum der Aufmerksamkeit zahlloser Techniker, Berater, Verkaufsleute, Servicemechaniker, Systemanalytiker, Buchprüfer und Angehöriger des 24-Stunden-Notdienstes stehen.

Noch schlimmer ist die Tatsache, dass Kopierer Arbeit erzeugen. Im Mittelalter hat man nicht alles kopiert, es sei denn, es handelte sich um so etwas Bedeutsames wie die Magna Charta, und sogar die wurde nicht für das halbe Land vervielfältigt. Ohne Fotokopierer gäbe es keine Eingangskörbe, Poststellen und endlosen Papierkram. Manche Kopierer sind inzwischen mit Computern verbunden, sodass jeder im Büro ein paar tausend Kopien eines vierzigseitigen Berichts machen kann, der für niemanden von irgendeinem Belang ist.

Die einfachste Methode, zu arbeiten und zugleich ein papierfreies Büro zu haben, wäre, Kopierer und andere aufmerksamkeitheischende, Arbeit erzeugende Geräte abzuschaffen, sich mit einem guten altmodischen Federkiel und einer Topffrisur hinzusetzen und nur aufzuschreiben, was wirklich und tatsächlich von Belang ist.

Formulare

Büroangestellte gliedern sich in zwei strikt getrennte Gruppen: Leute, die das richtige Formular haben, und Leute, die vorsätzlich jedermanns Zeit verschwenden. Dennoch ist der Besitz des richtigen Formulars nur die halbe Miete. Mit einem grünen anzukommen, wenn ein pinkfarbenes erforderlich ist, gilt als mutwillige und heimtückische Industriesabotage.

In jedem Unternehmen ist der Hüter der Formulare allmächtig. Er lässt sich nur mit erheblicher körperlicher Gewaltanwendung beseitigen, und selbst das bedarf eines beträchtlichen Haufens Papierkram. Für diesen Hüter stellt das Formular selbst nur eine entscheidende Waffe in seinem endlosen Kampf gegen persönliche Freiheit und Menschwürde dar. Die schwere Artillerie fährt er in Gestalt von Stempeln auf, denn natürlich hat ein Formular ohne Stempel ungefähr so viel Nutzen wie ein Mensch ohne Formular.

Entwickelt werden Formulare üblicherweise von Menschen, die am unteren Ende der Nahrungskette rangieren. Deshalb bekommt man für seine komplette Adresse nur eine Zeile, dafür aber eine halbe Seite, um klarzustellen, welches Geschlecht man hat.

Der König der Formulare ist das mit Durchschlag. Den obersten behält man selbst, den pinkfarbenen erhält der Empfänger, der grüne geht in die Zentralablage und der malvenfarbige verschwindet an irgendeinen geheimnisvollen Ort und taucht drei Jahre später als Beweisstück in einem Arbeitsgerichtsprozess gegen einen auf.

Sollten Sie jemals in die albtraumhafte Situation geraten, nicht das richtige Formular zu haben, erklären Sie einfach mit felsenfester Überzeugung, Sie hätten natürlich das richtige Formular, könnten es aber unmöglich aushändigen, bevor man Ihnen ein einschlägig abgestempeltes Antragsformular dafür ausstellt.

Visitenkarten

Visitenkarten sind die Führerscheine der Geschäftswelt, ohne die man nirgendwo hinkommt. Neunundneunzig Prozent dieser Karten befinden sich an einem von zwei Orten: in der obersten Schreibtischschublade ihres Besitzers oder im Abfallkorb der Person, der man sie gerade gegeben hat. Spitzenkräfte bewahren Visitenkarten in dünnen Spezialheftchen auf und stets nur maximal zehn Stück davon. Sollten Sie eine Karte schon drei Jahre haben und die darauf stehende Telefonnummer noch immer nicht benutzt haben, ist es extrem unwahrscheinlich, dass Sie dies jemals tun werden.

Es gibt zwei Arten von Visitenkarten. Die einen sind in Ehren gehaltene Exemplare von seltener Schönheit, die man nur ausgesuchten, glücklichen Personen anvertraut. Die anderen sind ein schnödes Stück Pappdeckel, die aufdringliche Leute nach allen Seiten verteilen. Vom Standardformat abweichende Visitenkarten haben die Haltbarkeitsdauer eines Biojoghurts. Kein Mensch will eine riesige Karte lesen, geschweige denn annehmen, die man unter Körpereinsatz ins Büro zurückschleppen muss. Visitenkarten, die größer sind als eine Kreditkarte, sind Grußpostkarten und gehören in die Post.

Das Erste, worauf jeder bei einer Visitenkarte schaut, ist

der Titel, also Angestellter, Manager oder Vorstand. Besteht Ihre Berufsbezeichnung aus drei Begriffen und mehr, ist das ein todsicherer Hinweis, dass Sie einen Deppenjob haben. Zum Beispiel Executive Production Manager oder Head of Global Regulatory Affairs oder Thronfolger im Wartestand. Viel besser macht sich ein einziger, unmissverständlicher Begriff wie Vorstandsvorsitzender, Firmengründer oder Gott.

Neuerdings wird es zur Marotte, auch die Rückseite von Visitenkarten zu beschriften. Das ist für den Empfänger etwas störend, weil dieser Raum eigentlich für eigene Notizen wie «Auf gar keinen Fall anrufen!» bestimmt ist. Indem sie ihre Visitenkarten auf der Rückseite in Japanisch oder Arabisch bedrucken, wollen viele Leute gerne den Eindruck erwecken, sie seien in einem weltweit agierenden Unternehmen tätig. Häufig beherrschen diese Leute allerdings gar kein Japanisch oder Arabisch und ahnen deshalb nicht, dass es sich bei ihrem Aufdruck um die Gebrauchsanweisung für eine Mikrowelle handelt.

Die schwächste, armseligste Nummer, die Sie im Geschäftsleben bringen können, ist, jemandem eine Karte mit einer nicht mehr gültigen Telefonnummer gefolgt von einer Telexnummer zu überreichen und anschließend zu sagen: «Wir lassen gerade neue drucken.» Seien wir ehrlich: Sie verabschieden sich aus dem Geschäftsleben, erwarten Sie also nicht, dass Ihr Gegenüber seine nagelneuen aktuellen Visitenkarten an Sie verschwendet. Ein weiteres ungeschriebenes Gesetz lautet: Je bunter Ihre Visitenkarte, desto farbloser sind Sie als Geschäftsmann.

Menschen sind sehr stolz auf ihre Visitenkarten. In einer großen Sitzung ist es ziemlich cool, sämtliche gerade erhaltenen Karten vor sich auszubreiten und sie jedes Mal, wenn ihr jeweiliger Besitzer Blödsinn redet, mit dem Gesicht nach unten zu drehen. Das ist eine erstaunlich wirkungsvolle Methode, damit die verbleibenden Kartenverteiler sich am Riemen reißen.

8 Stunden und Tage zählen

Arbeitsbeginn

Der Arbeitsbeginn ist ein sehr schwieriger Lebensabschnitt, den man noch dazu an jedem Wochentag durchstehen muss. Nur weil Sie gerade im Büro angekommen sind, müssen Sie sich dennoch nicht gleich auf die Arbeit stürzen. Die erste wesentliche Voraussetzung ist Kaffee. Theoretisch kann man auch ohne Kaffee anfangen zu arbeiten, wie ja auch ein Auto theoretisch ohne Sprit fahren kann. Kohlenhydrate sind ebenfalls wichtig, weshalb ein paar Scheiben Toast mit Marmelade Ihre Leistungskraft für den gesamten Tag deutlich steigern werden.

Der nächste Schritt ist, die Post zu lesen. Dabei spielt es keine Rolle, an wen sie gerichtet ist, Hauptsache, sie wird gelesen. Da wir im Informationszeitalter leben, ist die morgendliche Zeitungslektüre unerlässlicher Bestandteil der Informationsbeschaffung. Auch Horoskope sollten selbstverständlich berücksichtigt werden. Wenn Sie im Büro irgendwas durchsetzen wollen, hat es keinen Sinn, gegen gewaltige kosmische Kräfte zu kämpfen. Die *Financial Times* ist das Einzige, was Sie auch vor der Nase Ihres Chefs lesen können, es sei denn, Sie arbeiteten in der Werbebranche, wo Sie schon die Lektüre von Comics als gefährlichen Intellektuellen auszeichnet.

Nie ist Teamwork unverzichtbarer als zu Beginn des Tages. Das heißt zu überprüfen, wie die anderen geschlafen haben, wer mit wem geschlafen hat und wie es für diese beiden war. Wenn Sie sich wirklich zum Loslegen startklar machen, achten Sie darauf, mit allen ausstehenden Tratschgeschichten durch zu sein. Das hält den restlichen Tag frei für den brandaktuellen Klatsch.

Zum Abschluss sollten Sie einen Blick auf die anstehenden Aufgaben werfen und überlegen, ob man im Interesse der Umwelt nicht Energie sparen könnte, indem man sie einfach ignoriert. Wenn nicht, überprüfen Sie, ob Sie nicht vielleicht Kopfschmerzen haben. Es ist verblüffend, wie man welche heraufbeschwören kann, wenn man sich nur stark genug darauf konzentriert. Das sollte eigentlich einen freien Tag gewährleisten oder doch zumindest einen kleinen Bummel ins nächste Café, um ein bisschen frische Luft zu schnappen.

Die Arbeitswoche

Die durchschnittliche Arbeitswoche beginnt am frühen Sonntagabend, wenn Sie aus dem Fernsehen die aktuellen

Lottozahlen erfahren und Ihnen klar wird, dass Sie am nächsten Tag wieder zur Arbeit müssen, um Ihren Lebensunterhalt zu verdienen. Im Verlauf des Abends dann werden Sie kontinuierlich immer missmutiger, während Sie sich innerlich auf die Rückkehr in den Job vorbereiten.

Der Montagmorgen wird allgemein als furchtbar verunglimpft, ist es aber eigentlich gar nicht. Vielmehr passiert arbeitsmäßig an einem Montagmorgen aus drei Gründen sehr wenig: Alle sind vollauf damit beschäftigt, sich in der Küche bei Kaffee, Toast und Müsli etwas Gutes zu tun, damit sie den Montagmorgen überstehen. Viele Leute hängen den gesamten Morgen in irgendwelchen Besprechungen fest, wo sie Gelegenheit haben, sich den Schlaf aus den Augen zu reiben, sich daran zu erinnern, worin ihr Job besteht und was sie in einer trüben fernen Vergangenheit – also am Freitag – zuletzt gemacht haben. Und schließlich dauert es einen guten Teil des Tages, bis man alle im Büro nach ihrem Wochenende gefragt hat und anschließend gemeinsam die Klage anstimmt, wie furchtbar der Montag sei.

Dabei ist der wahre Schocker der Arbeitswoche der Dienstag. Da müssen Sie ernsthaft mit der Arbeit loslegen, ohne es allzu gemächlich angehen zu lassen. Sie haben nicht mal mehr das tröstliche Nachwirken des Wochenendes, und das nächste Wochenende ist noch unendlich weit weg. Der Mittwoch sollte eigentlich Arbeitgebertag heißen, denn an ihm wird am meisten geschafft. Er liegt mitten in der Woche, wenn Sie das Gefühl haben, es sei ein naturgegebener Zustand, bei Tagesanbruch aufzustehen, bis zum Umfallen zu arbeiten und spät nach Hause zu kommen. Wenn jeder Wochentag ein Mittwoch wäre, würde sich das Bruttosozialprodukt auf der Stelle verdoppeln.

Der Donnerstag ist der Frühling der Arbeitswoche, denn an ihm kommt erstmals das Wochenende in Sicht. Es gibt zwar noch eine Menge zu tun, aber sobald Sie das aus dem Weg geräumt haben, steht nichts weiter als der Freitag zwischen Ihnen und dem seligen Samstag. Der Freitag selbst ist der Hochsommer der Woche; er klingt sogar noch magischer und verführerischer als der Samstag, und das aus gutem Grund. Der Freitag ist nämlich die Umkleidekabine fürs Wochenende, Sie werden langsam entspannter, vergessen die Arbeit und amüsieren sich im Büro sogar. Sämtliche sinnvolle Arbeit wird bis zur Mittagspause erledigt, und das Wochenende beginnt beim Mittagessen im Restaurant nebenan.

Seltsamerweise sagt nie jemand: «Gott sei Dank ist Samstag», weil Samstage die Mittwoche des Wochenendes sind. Man steht früh auf, geht einkaufen, macht die Dachrinne sauber, fährt die Kinder zu siebzehn verschiedenen Unternehmungen, und am Abend muss man ausgehen. Kein Wunder, dass der Sonntagmorgen meist total faul im Bett verbracht wird. Dann kann man bei Zeitungen, einem kleinen Spaziergang sowie dem Mittagessen wirklich ausspannen, das Leben fühlt sich herrlich zwanglos an, jedenfalls bis man am frühen Sonntagabend aus dem Fernsehen die aktuellen Lottozahlen erfährt.

Routine

Viele Menschen jammern, ihre Arbeit bestehe tagein, tagaus in der immer gleichen Routine. Seien Sie dankbar, dass dem so ist. Stellen Sie sich bloß vor, wenn jeder Tag wie Ihr erster Arbeitstag wäre, als Sie von nichts eine Ahnung hatten. Wenn Sie täglich eine andere Aufgabe hätten, würden Sie sich sehr schnell in einen Schwachkopf verwandeln, der sich um Kopf und Kragen redet.

Routine ist etwas Gutes. Wenn Sie sie mühsam erarbeitete Fachkenntnisse nennen, klingt es gleich viel besser. Tatsächlich würde ein Anfänger für das, was Sie an einem Tag erledigen, eine ganze Woche brauchen. (Vergessen wir für einen Moment, dass Sie nach Erledigung Ihrer Arbeit an einem Tag den Rest der Woche freinehmen.) Routine und kleine Angewohnheiten haben etwas zutiefst Beruhigendes. Das Wissen, dass in Ihrer Schreibtischschublade zwei in Stanniol verpackte Quarktaschen gemütlich darauf warten, Ihrem Vormittagskaffee Gesellschaft zu leisten, kann Ihnen die harte Wirklichkeit des Berufsalltags ertragen helfen.

Manche Menschen haben ihren gesamten Tag – vom Aufstehen in der Frühe bis zum Nachhausekommen – mit Hilfe einer ausgeklügelten Abfolge ineinandergreifender Routineabläufe so komplett durchstrukturiert, dass sie – egal was sie tun – praktisch auf Autopilot sind. Das ist die Sorte Mensch, die genau weiß, wo sie auf dem Bahnsteig stehen muss, um direkt eine Tür zu erwischen; diese Leute wissen auf den Cent, wie viel Kleingeld sie für ihr Mittagssandwich brauchen; und sie bringen interne Aktennotizen in Umlauf, wenn sie mal außerplanmäßig einen fahren lassen müssen. Sollten Sie in einer Firma jemals etwas von Grund auf ändern wollen – sie bilden die Ebene, auf der sämtliche Veränderungsbemühungen vollkommen zum Erliegen kommen. Denn diese kleinen Routinen sind wie der Efeu des Berufslebens: Sie gedeihen schnell, haften wie der Teufel und bringen ihren Wirtsorganismus letztendlich um.

Als allgemeine Regel gilt: Leute, deren Tag zu mehr als fünfzig Prozent aus Routine besteht, bringen es im Berufsleben nicht weit. Wahrscheinlich sind sie glücklich und zufrieden und betrachten Arbeitsaufträge als kleine Unannehmlichkeiten, die man vor der nächsten planmäßigen Quarktasche beiseiteräumen muss. Auf der anderen Seite sehnen sich Leute mit einem fieberhaften und stressigen Leben ständig nach einer Zeit, in der es im Beruf etwas ruhiger und alles zur überschaubaren Routine wird. Das geschieht am Ende auch, fällt allerdings mit der Zeit zusammen, in der die Enkel kommen und die Krankenkasse einem ein neues Gebiss spendiert.

Schlechte Tage

Einen schlechten Tag im Büro zu haben ist ein doppelter Schlag, weil schon ein normaler Bürotag ziemlich arg ist.

Schlechte Tage fangen damit an, dass Sie ohne Not auf der falschen Seite aus dem Bett steigen und Ihrem Partner dabei unglücklicherweise in die Genitalien treten. Dass er Ihnen daraufhin unverzüglich und umfassend abspricht, ein menschliches Wesen zu sein, bringt Sie genau in die richtige Verfassung für die Fahrt zur Arbeit, die wegen «technischer Störungen» vier Stunden dauert.

Zur Begrüßung liegt auf Ihrem Schreibtisch eine ungehaltene Notiz, in der man sich nach etwas erkundigt, das Sie für gestern versprochen hatten. Haben Sie das in aller Eile zusammengestoppelt, müssen Sie wie bekloppt Ihr Tagwerk für eine Präsentation erledigen, die im letzten Moment abgesagt wird.

Die Zeit, die Sie deshalb gewonnen zu haben glaubten, verlieren Sie durch den Bürolangweiler, der seinen Hintern auf Ihre Schreibtischkante pflanzt und Ihnen langatmige Geschichten erzählt, deren Pointen sorgfältig entfernt wurden. Wenn diese Sitzung dann endlich von einem Anruf beendet wird, kommt er von Ihrer Bank, die Ihnen mitteilt, dass Sie Ihren Überziehungskredit überzogen hätten und man deshalb Ihren Scheck für den Urlaub platzen lasse. Aufgrund dieses Anrufs verspäten Sie sich zu einem Termin bei Ihrem Chef wegen der schriftlichen Abmahnung, die Sie letzte Woche zwar erhalten, aber zu lesen vergessen haben. Ihre Entschuldigungen wird er sich nicht anhören wollen, weil er einen schlechten Tag hat.

Wenn Sie das Gebäude endlich verlassen, wartet draußen der Trauerkloß des Büros, dem Sie versprochen hatten, an diesem Abend bei ihm daheim seine selbstgezogene Kresse zu bewundern. Doch alle schlechten Tage gehen irgendwann einmal vorüber, und Sie können sicher sein, dass der morgige Tag Ihnen den heutigen wie einen Feiertag im Frühling erscheinen lässt.

Sommer in der Stadt

Alle paar Jahre kommt in Mitteleuropa die gesamte Arbeit knirschend zum Erliegen. Die Ursache dafür ist eine Einrichtung, der gegenüber sich ein Bahnstreik als kleine Unannehmlichkeit ausnimmt. Das nennt man Sommer. In ganz Mitteleuropa gibt es nur ungefähr einundzwanzig klimatisierte Büros, und die sind für amerikanische Besucher reserviert, die nur bei Temperaturen zwischen 18 und 20 Grad arbeiten können. Mitteleuropäer regulieren ihre Temperatur, indem sie ihre Aktivitäten nahezu vollständig einstellen und sich mit Schriftstücken Luft zufächeln, auf denen «Zur sofortigen Erledigung» steht.

Etwas ruft der Sommer bei jedem hervor: Schweiß. Angehörige der mittleren Führungsebene tragen Hemden, die aus giftigen Abfallprodukten der Schwerindustrie hergestellt sind und Etiketten mit der Aufschrift tragen «Reine Baumwolle. Nicht direkt auf der Haut tragen». Derartige Hemden sind das hygienische Pendant zu Frischhaltefolie, weshalb es wenig überrascht, dass Angehörige der mittleren Führungsebene nur einen Stift anheben müssen, damit sich binnen Sekunden Schwitzflecken in der Größe Luxemburgs auf ihren Hemden ausbreiten. Wenn sie sich dann noch in einem Großraumbüro vor einem Ventilator aufbauen, hat das den gleichen Effekt wie das Eintreffen eines Müllwagens mit verfaultem Obst und Gemüse.

Auch auf den Straßen verkommen die Sitten. Leute öffnen die Schiebedächer, lassen sich beim Fahren stundenlang die Sonne aufs Haupt brennen und fragen sich anschließend, warum sie so gereizt reagieren, wenn jemand vergisst zu blinken. Wenn es im Büro absolut stickig wird, haben manche fürsorglichere Chefs ein Einsehen und lassen ihre Leute schon vor Einbruch der Dunkelheit nach Hause gehen.

Im Hochsommer strömen Sekretärinnen aus und kaufen Ventilatoren. Während der Wintermonate müssen diese Geräte irgendwie wieder in die Läden zurückfinden, denn ein Jahr später strömen die Sekretärinnen exakt zur gleichen Zeit erneut aus und kaufen noch mehr Ventilatoren.

Geschäftskleidung hält der Hitze nicht lange stand. Zuerst fallen die Jacketts, danach die Krawatten, dann hat einer Shorts an, und am Ende kommt irgendein Idiot und verdirbt alles, weil er im G-String zur Arbeit erscheint. Und eins ist sicher: Es gibt wohl nichts Schlimmeres, als seinen Chef beim jährlichen Beurteilungsgespräch in seinem großen Lederdrehstuhl vorzufinden, mit nichts weiter bekleidet als einem Tanga.

Geburtstage

Im Büro erkennen Sie Ihr fortschreitendes Alter daran, dass Sie absolut keine Anstalten machen, Ihren Geburtstag zu feiern oder ihn auch nur zu erwähnen. Deshalb sind Sie völlig von den Socken, wenn jemand anders es tut. Sie brauchen gar nicht so überrascht zu sein, denn ein modernes Büro verfügt über alle möglichen komplizierten technischen Systeme, die an sämtliche Geburtstage erinnern, damit sich ausnahmslos jedes Büromitglied geschätzt und geliebt fühlen kann. Die Personalabteilung etwa führt umfangreiche Listen mit allen Geburtstagsdaten, besorgt eine große Karte, lässt sie in aller Heimlichkeit im Büro reihum gehen und überreicht sie dann dem überraschten Empfänger. Erstaunlicherweise soll das sogar in Büros klappen, in denen jede Hausmitteilung gewöhnlich mit zwei Wochen Verspätung rausgeht, um sodann von der Hälfte der Belegschaft ignoriert und von der anderen Hälfte verbummelt zu werden.

Bei diesen großen Geburtstagskarten passiert es häufig, dass die ersten beiden Kollegen in winziger Schrift an deren unterem Rand unterschreiben. Danach wird sie an den Schreibtisch des Dreckfinks weitergegeben, von dem noch kein Dokument, geschweige denn eine Geburtstagskarte je wieder zurückkam. Eine Stunde vor Überreichung der Karte kann sich dann kein Mensch mehr daran erinnern, wo sie steckt, bis schließlich ein Such- und Rettungsteam eingeteilt wird, das sie aus dem Komposthaufen des Dreckfinks ausgraben muss. Natürlich hat er nicht unterschrieben, und sie beinhaltet noch immer nur die beiden winzigen Unterschriften. Das ist der Moment, in dem zufällig vorbeikommende Fremde und Kopierertechniker zwangsverpflichtet werden, die Karte mit möglichst riesigen Schriftzügen zu unterschreiben. Sollten Sie sich je gefragt haben, vom wem diese ausladenden Gratulationen stammen – jetzt wissen Sie's.

Sich zu überlegen, was man auf eine Geburtstagskarte schreibt, gehört für jedes Büromitglied zu den schwierigsten kreativen Aufgaben überhaupt (anders als Übernahmeanträge für Ausgaben zu stellen, die schon vor vier Monaten getätigt wurden). «Herzlichen Glückwunsch» wäre naheliegend, würde allerdings nur offenbaren, dass man die Phantasie und Kreativität eines Haufens Talg hat. Seien Sie vorsichtig, sich an einem Limerick zu versuchen. Limericks haben etwas an sich, das einen zu haarsträubenden Obszönitäten treibt, vor allem wenn die erste Zeile lautet: «Es war mal ein Herr namens Rimmel». Unter Druck kritzeln die meisten Leute am Schluss etwas wie «Schönen Tag noch». Das ist aber immer noch besser, als sich etwas Geistreiches und Witziges abringen zu wollen und am Ende für jemanden, dem man zweimal im Flur begegnet ist, die halbe Karte mit irgendeinem sinnlosen Mist vollgeschrieben zu haben.

Je älter Sie sind, umso weniger werden Sie im Büro Ihren Geburtstag feiern wollen. Denn an Ihrem Vierzigsten werden sich die Leute insgeheim zu fragen beginnen, warum Sie immer noch Assistent sind. Bei Leuten zwischen dreißig und fünfzig erfährt man ausschließlich dann, dass sie Geburtstag haben, wenn sie einen besonders miesen Tag hatten, an dem alles schieflief und jeder sie anbrüllte. Dann brechen sie nämlich urplötzlich in Tränen aus und sagen: «Und das an meinem Geburtstag!»

Das Weihnachtsgeld

Wann Weihnachten ist, merken Sie im Büro daran, dass Ihnen die Firma eine Karte schickt, auf der sie Ihnen Kleber für Ihre Teppichfliesen anbietet, eigenhändig unterschrieben von Peter, Carola und Ynathg oder so ähnlich, wobei es sich möglicherweise um den neuen bosnischen Klebstoffexperten handelt. Die Weihnachtszeit im Büro ist eine herrliche, wundersame Zeit, in der alle die Ankunft des lange Angekündigten, Vieldiskutierten und auf der ganzen Welt Verehrten feiern: des Weihnachtsbonus. Leider zahlen nicht alle Firmen eine Weihnachtszulage, dafür dürfen deren Angestellte an Heiligabend eine Viertelstunde früher nach Hause gehen.

Erwachsene glauben an das Weihnachtsgeld mit der gleichen feurigen Begeisterung wie unter Dreijährige an den Weihnachtsmann. Wie hoch Ihr Weihnachtsbonus ausfällt, können Sie daran bemessen, wie lange sie bereit sind, in der Firma zu bleiben, um ihn zu kriegen. Wenn Sie Anfang März beschließen, keinen Tag länger für diesen üblen Zwerg arbeiten zu können und trotzdem bereit sind, bis Weihnachten auszuharren, ist er aller Wahrscheinlichkeit nach beträchtlich. Dann besteht allerdings auch die Gefahr, dass Sie so glücklich über Ihren Bonus sind und es draußen so kalt ist, dass sie beschließen, noch ein weiteres Jahr zu bleiben, und bevor Sie sich versehen, haben Sie auf derselben Stelle für denselben üblen Zwerg vierzig Jahre lang gearbeitet und sind der ideale Kandidat für den Weihnachtsmann im Krippenspiel der Personalabteilung.

Die Weihnachtsfeier

Stellen Sie sich die Person in Ihrem Büro vor, bei der Sie im Leben nicht daran dächten, mit ihr knutschen zu wollen. Dies ist die Person, mit der Sie am Ende der Weihnachtsfeier knutschen werden. Das halten Sie natürlich für ausgeschlossen, doch Sie können sich im Moment ja auch nicht vorstellen, fünf Gin Tonic, sechs Tequila Slammer und den Inhalt eines kleinen Feuerlöschers zu trinken, was Sie auf der Weihnachtsfeier ebenfalls tun werden.

Die Weihnachtsfeier ist der Tag im Jahr, an dem die Firmenphilosophie so richtig mit Leben gefüllt wird. Nachdem Sie je einen Doppelten von jedem verfügbaren Getränk intus haben, können Sie sich endlich mal gegenüber der Person, die Ihre Arbeit das ganze Jahr über mit ihrer tölpelhaften Beschränktheit und Selbstsucht torpediert hat, einem Anfall von *Offenheit* und *Ehrlichkeit* hingeben. Wenn Sie anschließend kopfüber auf den Tisch krachen, an dem friedlich die Finanzabteilung sitzt, kann Ihr Team *gegenseitige Unterstützung* praktizieren, indem es Sie gemeinschaftlich nach draußen zu den Mülltonnen im Hof trägt. Und sollten Sie

den Fehler gemacht haben, sie ebenfalls zur Weihnachtsfeier eingeladen zu haben, können Sie endlich Ihre *Kunden
begeistern*, indem Sie ihnen in die Hose langen und fragen,
ob sie dort ihre ach so raren Aufträge aufbewahren.

Kurz vor all diesem Trubel passen der Geschäftsführer und
irgendwer aus dem Vorstand einen geeigneten Moment ab,
um vorzuführen, wie weit sie ihre verbliebenen Hemmungen
fallenlassen können. Dazu gehört auch, dass sie ihre Krawatten lockern, mit den Fingern schnippen und auf der Tanz-
fläche Bewegungen vollführen, die an einen beim Zieleinlauf
zusammenbrechenden Marathonläufer erinnern. Geschäftsführer tanzen auch oft gern mit einer jungen Empfangsdame eine Art beschleunigten Walzer, was aussieht wie ein
stümperhafter Versuch, sich ihre Handtasche zu schnappen.
Während dieser Leibesübung hält die Empfangsdame den
Geschäftsführer so auf Abstand, als trüge sie eine Socke zum
Wäschekorb.

Manche Firmen hängen großzügigerweise eine Kosten-
übernahmeerklärung hinter die Bar. Das halten Sie mindestens so lange für großzügig, bis Mrs. Rogers einen großen
süßen Likör bestellt und danach auf Umlage umgestellt
wird. Die meisten Weihnachtsfeiern haben ein Thema wie
Dressed to Kill, Nutten und Geistliche oder – vor allem in
Wirtschaftsprüfungsfirmen beliebt – Anzug und Krawatte.
Dies ermöglicht allen, sich besondere Mühe mit dem Kos-
tümieren und Ausstaffieren zu geben. Allerdings führt es
auch immer wieder zu Tragödien bei beklagenswerten Menschen, die als King Kong oder in einem anderen Ganzkörper-

kostüm aufkreuzen. Sie verbringen den ganzen Abend damit, weder zu essen noch zu trinken oder zu knutschen, weil sie aus ihren Kostümen nicht rauskommen. Noch schlimmer ist, dass keiner eine Ahnung hat, wer darin steckt, weshalb sie bis drei Uhr früh vollkommen sich selbst überlassen bleiben, bis irgendwer, der sich um den Verstand getrunken hat und dessen Avancen bereits von der gesamten Belegschaft zurückgewiesen wurden, versucht, mit ihnen zu schlafen.

9 Firmenwagen, Pendler und Geschäftsreisen

Firmenwagen

Zwei Dinge trennen Großbritannien von seinen Nachbarn auf dem Kontinent. Erstens die Tatsache, dass wir uns in unserer frühen Geschichte blau anzumalen pflegten. Und zweitens, dass es in Großbritannien mehr Firmenwagen pro Kopf gibt als in jedem anderen Land der Welt. Firma und Wagen gehören zusammen wie Pferd und Kutsche, wenn die Fortbewegung auch etwas schneller vonstattengeht, möchte man hoffen. Sie können nicht so tun, es im Berufsleben zu etwas gebracht zu haben, wenn Ihr Wagen wegen seiner geringen Größe und Emissionswerte von der Regierung gefördert wird. Ihr Wagen und wie Sie mit ihm umgehen, sind der Lackmustest auf Ihr Führungspotenzial.

Jeder liebt Leistungsanreize, und es gibt keinen reizenderen Leistungsanreiz als einen Firmenwagen. Sie sind so, wie in einer idealen Welt alle Autos wären: funkelnagelneu und auch so riechend. Was immer daran anfällt, und sei es, den Aschenbecher zu leeren – Sie können einfach jemanden anrufen, damit er sich darum kümmert (und während Sie warten, kriegen Sie kostenlos ein anderes Auto zum Spielen). Womöglich noch toller ist, dass Sie Ihren Firmenwagen gegen einen neuen eintauschen können, noch bevor der Aschenbecher überhaupt voll ist. Und das Allergrößte ist, dass Sie ein achtzehnjähriger Psychopath mit einem frisierten Sportwagen sein könnten, und Ihre Firma trotzdem die Versicherung zahlt. Kein Wunder, dass in vielen Stellenanzeigen inzwischen «Firmenwagen + Gehalt» steht statt umgekehrt.

Manche überraschend großzügigen und rezessionssicheren Unternehmen überlassen Ihnen nicht nur einen Firmenwagen, sondern auch Bargeld, damit Sie sich selbst einen aussuchen können. Verblüffenderweise gehen manche Leute mit dem Geld und der Blankovollmacht hin und kaufen einen alten Daewoo Turbot. Das sollten Sie sich lieber zweimal überlegen, denn Ihr Auto sagt mehr über Sie als Führungskraft aus, als Sie selbst je könnten. Für Coupés zum Beispiel gilt ein dickes Nein. Sie versprechen zu viel und bringen zu wenig, genau wie ihre Fahrer. Ähnlich bedeutet jeder Motor unter 1997 Kubik, dass Sie in einer karitativen Einrichtung tätig sind oder sich jedenfalls rapide in Richtung der Inanspruchnahme einer solchen bewegen. Auch die Farbe des Autos ist wichtig. Rechnen Sie nicht mit einem Sitz im Vorstand, solange Sie irgendetwas in Pink, Gelb, Lindgrün oder Türkis fahren.

Leiter des Verkaufs hängen ihre Jacketts in den Fond ihres Autos. Wenn Sie in der Verkaufsabteilung sind, benutzen

Sie den kleinen Aufhänger im Kragen, sind Sie dagegen im Marketing, nehmen Sie einen Bügel. Anzüge für Leute aus dem Verkauf haben deshalb einen höheren Polyesteranteil, um sie unanfälliger für Falten und Knittern zu machen. Es lohnt auch, daran zu denken, dass Leute aus dem Verkauf ihre Jacketts nie anziehen. Eines im Auto liegen zu haben ist wie ein «Baby an Bord»-Aufkleber, nur dass in diesem Fall ein Verkaufsleiter gemeint ist.

Wenn Sie sich einen guten Eindruck darüber verschaffen wollen, was eine Firma taugt, müssen Sie nicht weiter als auf ihren Parkplatz gehen. Stehen dort Unmengen Suzuki Vitara, Toyota RAV4 und Daihatsu Fourtrak, sind Sie entweder bei einem Designbüro oder einem Fitnessstudio gelandet. Sollte er dagegen von Toyota Previa, Renault Espace und Scenic wimmeln, befinden Sie sich entweder bei einem fortschrittlichen Unternehmen mit einer ausgewogenen Personalpolitik oder auf dem Weg zu einer Sitzung mit vier Kleinkindern.

Theoretisch stehen Firmenwagen jedermann in der Firma zur Verfügung, ebenso wie die Firma theoretisch vollkommen handlungsfähig ist und keine Kultur der Schuldzuweisungen betreibt. In der Praxis ist mit Ihrer Stelle also ein Firmenwagen verbunden oder eben nicht. Sollten Sie einen bekommen, werden Sie zum ersten Mal jemand anderen damit fahren lassen, wenn der Herr von der Leasingfirma ihn abholen kommt, um den Aschenbecher auszuleeren. Sieht Ihr Job dagegen keinen Firmenwagen vor, werden Sie trotz allen Nachfragens der Welt keinen bekommen. Nicht mal wenn Sie betteln und flehen, bis Sie so blau angelaufen sind, dass man Sie für einen Ureinwohner der Britischen Inseln halten könnte.

Geschäftsfahrten

Autobahnen sind der natürliche Lebensraum des leitenden Angestellten, insbesondere seiner Spielart aus dem einflussreichen Vertriebssektor. Autobahnen sind die Lebensadern der Wirtschaftsströme, und je schneller Ihr Auto fährt, desto stärker tragen Sie zum Wirtschaftsgeschehen bei. Unterhalb des erlaubten Tempolimits zu fahren lässt auf einen Mangel an Einsatz für das allgemeine Wachstum schließen. Führungskräfte fahren nur deshalb knapp unterhalb der Grenze, an der man seinen Führerschein verliert, weil ein Verkaufschef ohne Führerschein das Gleiche bedeutet wie ein Marketingchef ohne farbige Filzstifte.

An einem durchschnittlichen Werktag bevölkern zwei Arten Fahrer die Autobahnen: Rentner, die andere Rentner besuchen, und Handelsvertreter, die drei Besuche pro Tag mit einer Gesamtstrecke von achthundert Kilometern absolvieren müssen. Wenn Ihnen plötzlich jemand so dicht auffährt, dass Sie die Nasenhaare des Fahrers erkennen können, dürfen Sie ziemlich sicher sein, dass es sich nicht um einen Rentner handelt, der unbedingt einen anderen Rentner besuchen will.

Mit 180 über die Autobahn zu rasen bedeutet für Vertreter

reinste Mußestunden. Dabei können sie endlich mit Freunden telefonieren, einen Happen essen, ihr Hemd wechseln und sich bei einem guten Buch entspannen. Ab und zu verirren sich kleinere Fahrzeuge auf die Überholspur, in denen Leute sitzen, die es auf weniger als 130 000 Kilometer im Jahr bringen. Das bedeutet, dass die Vertreter scharf auf 130 abbremsen und nah genug auffahren müssen, damit diese Fahrer begreifen, wie sehr sie die Wirtschaftsentwicklung des Landes behindern, indem sie widerrechtlich ihre Spur befahren.

Stundenlanges Fahren in der gleichen Körperhaltung kann dazu führen, dass Sie steif werden, was gefährliche und schmerzhafte Krämpfe verursacht. Um dem entgegenzuwirken, können Sie entweder aussteigen und ein bisschen umhergehen (was auf Autobahnen eigentlich jederzeit und überall möglich ist), oder Sie machen im Auto ein paar Aerobicübungen. Dazu gehört Leute schneiden und ihnen ein Victory-Zeichen machen, im Wechsel mit ausgiebigem Nasebohren. Sie können auch ohne ersichtlichen Grund Ihren Arm aus dem Fenster baumeln lassen, das Hemd gerade weit genug hochgerollt, dass man die Rolex sieht. Das kommt gut, jedenfalls bis Ihr Arm von einem anderen Opel Vectra abgerissen wird, der mit 190 an Ihnen vorbeidonnert.

Sie sollten von anderen Fahrern immer Zuvorkommenheit erwarten, zeigen sie keine, sollten Sie ihnen das durch Aufblenden, Hupen und vielsagendes Gestikulieren zu Bewusstsein bringen. Außerdem sollten Sie als Führungskraft stets im Hinterkopf haben, dass Sie als Nettozahler zum Bruttosozialprodukt beitragen und die Menschen in kleineren, älteren Autos wahrscheinlich Sozialhilfeempfänger sind. Das gewährt Ihnen in fast allen Verkehrssituationen Vorfahrt, außer gegenüber riesigen, mit wertschöpfenden Gütern beladenen LKWs, deren Fracht jemand wie Sie mit hoher Gewinnspanne verkauft hat.

Autobahnraststätten sind Treffpunkte des mittleren Managements. Das liegt daran, dass dessen Mitglieder allesamt nicht wichtig genug sind, um einander für eine Besprechung in die eigene Firma beordern zu können. Deshalb müssen sie sich irgendwo in der Mitte treffen, und das läuft unweigerlich auf die Autobahnraststätte hinaus. Achten Sie bei deren Auswahl immer darauf, eine mit Brücke über die Fahrspuren zu erwischen, andernfalls werden Sie viel Zeit am Handy zubringen, um den wichtigen Kunden auf der anderen Seite der Autobahn winkend auf sich aufmerksam zu machen.

Büroparkplätze

Büroparkplätze werden nach einer strengen Richtlinie gebaut, wonach immer dreißig Prozent weniger Parkplätze vorhanden sein müssen als Autos. Der Grund, warum Chefs stets als Erste am Arbeitsplatz erscheinen, sind ihre dicken Schlitten und Hälse; nur so ist gewährleistet, dass sie einparken können, ohne sich umdrehen oder rangieren zu müssen. Der Ford-Fiesta-Truppe bleibt dann vorbehalten, sich in die winzigen Lücken zu quetschen, die ihnen die Geschäftsführung übrig gelassen hat. Wenn Sie dabei mehr als fünfmal den Rückwärtsgang einlegen müssen, sollten Sie vielleicht einen anderen Parkplatz nehmen. Denken Sie daran, dass es nichts nützt, hochzufrieden in der kleinsten Parklücke der Welt zu stehen und die Autotür nicht mehr aufzubekommen.

Zu vielen Büros gehören kahl werdende Männer Ende fünfzig, deren Leben der ständigen Wiederholung eines Satzes gewidmet ist: «Hier können Sie nicht parken.» Die Schlimmsten von ihnen sind mit riesigen Aufklebern bewaffnet, auf denen «Sie haben vorschriftwidrig geparkt» steht, die sie Ihnen mit Industriekleber auf die Windschutzscheibe pappen. Sollten Sie sich je gefragt haben, wem der erstklassige Parkplatz gehört, der immer frei ist und auf dem ein kleiner Verkehrskegel steht – das ist seiner, und nein, Sie können dort nicht parken.

Manche Leute, gewöhnlich Vertreter, parken Sie gerne zu und hinterlegen den Autoschlüssel am Empfang. Das sind normalerweise dieselben, die in ihrem Opel Vectra sämtliche Arten von Wegfahrsperren und Sicherheitseinrichtungen haben, damit man ihn nicht klaut und ihre Männlichkeit untergräbt. Wenn Sie nun versuchen, ihn aufzuschließen und wegzufahren, gehen, sobald Sie sich ihm in einem Umkreis von fünf Quadratmetern nähern, genügend Sirenen los, dass jeder über sechzig seinen Luftschutzkeller ansteuert. Hat Ihre Firma viele Handelsvertreter, die allesamt einen Opel Vectra fahren, besteht außerdem die reelle Gefahr, dass Sie im falschen losfahren, Ihren Irrtum aber erst im zehn Kilometer langen Stau auf der Autobahn bemerken und zur

Unterhaltung lediglich eine CD mit grauenhafter Musik vorfinden.

Firmenparkplätze sind oft noch immer hierarchisch organisiert und verfügen über reservierte Stellflächen für den Vorstandsvorsitzenden, Geschäftsführer etc. Sie können sich einen eigenen Platz sichern, indem Sie ein Schild mit der Aufschrift «Bürotüftler» anbringen oder das des Vorstandsvorsitzenden durch eins ersetzen, auf dem «Konkursverwalter» steht. In den USA und Großbritannien ist hin und wieder der beste Parkplatz für den Angestellten des Monats reserviert. Sollten Sie zu Fuß zur Arbeit kommen oder mit dem Bus, können Sie fest davon ausgehen, dass etwa siebenmal im Jahr Sie Angestellter des Monats sein werden, sodass dieser Parkplatz für den Vorstandsvorsitzenden frei bleibt. Auf manchen Parkplätzen findet man als Reservierungszeichen in die Wand eingelassene Nummernschilder. In Wirklichkeit wurden die in der Regel von extrem schlechten Fahrern dort hineingerammt. Vergessen Sie schließlich nicht, dass Sie, wenn Sie regelmäßig bis nach zwanzig Uhr im Büro arbeiten, Anspruch auf einen Dauerparkplatz für Anwohner haben.

Pendler

Würden Ratten Experimente zur Erforschung menschlichen Verhaltens durchführen, entschieden sie sich sehr wahrscheinlich dafür, uns statt im üblichen Labyrinth in einem überfüllten Pendlerzug zu beobachten. Nach einem gewissen

Beobachtungszeitraum würden sich dabei eine ganze Reihe von Verhaltensmustern herauskristallisieren. So ist etwa die Verteilung von Fahrgästen morgens auf dem Bahnsteig anscheinend wahllos, in Wahrheit aber eine hyperexakte Wissenschaft, damit ein Fahrgast lediglich die Hand ausstrecken muss, um die erwünschte Tür zu öffnen. Hinter dieser Tür befindet sich exakt jener Sitzplatz, der ihn exakt an jenen Punkt bringt, der beim Aussteigen direkt gegenüber dem Ausgang liegt.

Natürlich kommt es häufig dazu, dass Pendler jeden Morgen genau derselben Person gegenübersitzen. In einem umfassenderen Forschungsprojekt könnten die Ratten feststellen, dass Pendler mehr Zeit mit ihrem Gegenüber im Zug als mit ihrem Partner daheim verbringen. Das kann zwei Folgen haben. Erstens begegnet man dieser Person hin und wieder zufällig irgendwo anders als im Zug. Weil Sie Ihnen so bekannt vorkommt, bleiben Sie stehen und verwickeln sie in ein Gespräch. Bald stellt sich heraus, dass Sie nicht das Geringste übereinander wissen, außer welche Zeitung Sie jeweils lesen. Am nächsten Morgen geht Ihnen dann auf, um wen es sich da gehandelt hat, und anstatt sich vorzustellen und miteinander anzufreunden, rücken Sie auf dem Bahnsteig zwei Meter weiter, mit dem Ergebnis, dass Sie sich nie im Leben wieder begegnen. Alternativ und zweitens kann es sich ergeben, dass Ihnen diese Person am Ende zu Hause gegenübersitzt.

Die drei unbeliebtesten Dinge in Pendlerzügen sind Hamburger, Handys und Teenager. Das liegt daran, dass alle drei auf unterschiedliche Art die Kardinalregel des Pendlers verletzen, die da lautet, gegenüber seinem Mitfahrenden niemals in irgendeiner Weise aufdringlich zu werden: Der Geruch eines Hamburgers ist für jeden, der ihn nicht isst, widerlich; das Klingeln eines Handys ist für jeden, der nicht gemeint ist, widerlich; und Teenager sind widerlich für jeden, der selbst keiner ist.

Eine weitere eiserne Regel des Pendelns besagt, dass die Zeitung Ihres Nebenmanns immer viel interessanter ist als Ihre eigene, selbst wenn Sie genau die gleiche lesen. Wenn sie ihre Zeitungslektüre beendet haben, nutzen Angestellte die Zeit im Zug manchmal, um beruflichen Papierkram von betäubender Banalität zu lesen. Oder wann konnten Sie es zum letzten Mal kaum erwarten, dass Ihr Sitznachbar seinen Geschäftsbericht weiterblättert, um zu erfahren, wie es weitergeht?

Viele Pendler ziehen es vor, im Zug Bücher zu lesen. Frauen tendieren dabei zu solchen über Beziehungen. Schielen Sie mal auf eine der Seiten, und Sie werden so was lesen wie: «Ich liebe dich, Harry, aber ich bin noch nicht so weit.» Männer dagegen lesen eher Bücher, in denen es um Morde geht und wo Sätze vorkommen wie: «An dieser Handgranate fehlt der Zündring, Harry.» Manche Leute lesen auch Sciencefictionromane, aber neben denen sitzt nie einer, um zu erfahren, was für Sätze in ihren Büchern stehen.

Die internationale Geschäftswelt

Es ist eines der großen Rätsel des Geschäftslebens, wie multinationale europäische Konzerne erfolgreich operieren können, wo an den meisten ihrer Sitzungen Menschen aus Ländern teilnehmen, die wenig mehr gemeinsam haben als eine Abneigung gegen Amerika. Besonders rätselhaft ist dies auch angesichts der Tatsache, dass sich in diesen Sitzungen aus irgendeinem Grund alle die größte Mühe geben, noch ihren groteskesten nationalen Stereotypen zu entsprechen. Nichts macht Franzosen jedenfalls französischer, als wenn sie zwischen Deutschen und Briten sitzen.

In diesen Sitzungen bestehen die Franzosen immerzu darauf, über den philosophischen Zweck von allem zu diskutieren, selbst wenn es um die Entwicklung einer neuen Entwurmungspille für Katzen geht. Daraufhin erklären die Deutschen den anderen in erschöpfender Ausführlichkeit, wie sie es in Deutschland machen und dass es für Europa generell besser wäre, wenn alle es so machten wie sie. Sobald die Belgier oder Niederländer irgendetwas sagen, fangen die Deutschen und die Franzosen auf der Stelle an, sich miteinander zu unterhalten und einen ihnen beiden genehmen Kuhhandel einzufädeln. Die Italiener achten unterdessen darauf, dass ihre Anzüge beim Sitzen keine überflüssigen Knitterfalten bekommen, regen sich dann plötzlich über irgendeine Kleinigkeit ganz furchtbar auf und drohen damit, den Raum zu verlassen. Die Briten dagegen sind sehr vernünftig und verständnisvoll, machen einen

Haufen Witze und stehen am Ende der Sitzung vollkommen isoliert da.

Tatsächlich ähneln diese internationalen Meetings stark einer Miniaturausgabe der EU. Alle Parteien versuchen, der Wirtschaftsentwicklung zuliebe miteinander auszukommen, in Wirklichkeit will aber jeder möglichst schnell wieder nach Hause, wo alles richtig gemacht wird und man anständige Wurst bekommt.

Wenn Sie geschäftlich viel unterwegs sind, erhalten Sie im internationalen Flugverkehr üblicherweise Vielfliegerpunkte. Die sammeln Geschäftsleute wie andere Fußballbildchen. Das ist ein wenig rätselhaft, schließlich jammern Vielflieger ständig, wie sehr sie die Fliegerei hassen und wie sturzlangweilig sie sei, sammeln aber trotzdem wie die Irren Punkte für einen achtzehnstündigen Gratisflug nach Alaska. Als Vielflieger sind Sie außerdem berechtigt, Flughafenlounges zu benutzen. Diese sind wirklich ein Anlass, in Begeisterung zu geraten, denn dort gibt's wirklich alles, was Ihr Herz begehrt: kostenlose Zeitungen im Wert von über einem Euro, Mineralwasser, so viel Ihre Blase verkraftet, und all die Führungskräfte mit glänzenden Hosenböden.

Hotels

Viele Geschäftsreisende behaupten, Hotels seien ein zweites Zuhause. Das ist ausgemachter Blödsinn, denn in Hotels ist es nicht annähernd wie daheim. Es fängt damit an, dass Sie ein Bett von der Größe eines Tennisplatzes bekommen, in dem noch immer der vorhergehende Bewohner liegen könnte, ohne dass Sie es mitkriegen. Die Kopfkissen sind aus einer Art Hartschaumstoff, der verhindert, dass Sie Ihren Kopf hineinsinken lassen können, es sei denn, Sie trügen eine mit Blei gefütterte Schlafmütze. «Modernste technische Ausstattung» heißt, dass das Hotel stets weiß, wo Sie sind und was Sie tun, und beim Einschalten des Fernsehers im Bett eine kleine Nachricht auf dem Bildschirm erscheint: «Guten Abend, Herr Soundso, danke, dass Sie sich für unseren Hauskanal *Filme für Erwachsene* entschieden haben. Das dachten wir uns schon.»

Für Geschäftsreisende gibt es drei Arten von Hotels: das innerstädtische Kettenhotel mit fünfhundert identischen Schlafzellen, das Landhotel mit Drucken von Jagdszenen und abgenutzten Teppichen sowie das Motel auf der Autobahnraststätte mit Videoüberwachungsanlage und fünf Schlössern an der Tür. Wo immer sie sind, ist es für Geschäftsreisende Ehrensache, ihr Hotel lediglich mit einem aus dem Internet ausgedruckten Stadtplan bewaffnet zu finden. Ein kleiner Vertipper bei der Postleitzahl kann bedeuten, dass man die Nacht auf dem Parkstreifen zubringt. Das ist allemal besser, als nach dem Weg zu fragen.

In der Regel dient als Zimmerschlüssel eine Plastikkarte. Ist der Schlüssel aus Metall, befinden Sie sich in einer Frühstückspension. Ist er aus Metall und hat einen Anhänger von der Größe einer Büfetttür, sind Sie in einem Landhotel. Es gibt zwei Methoden, sein Zimmer zu finden. Die eine ist, den kleinen Schildern zu folgen, auf denen Zimmer 143–194 steht. Nach einem ganzen Tag im Auto kann es zuweilen ziemlich schwerfallen zu berechnen, ob 174 in diesem Bereich liegt oder nicht. Die andere Methode ist, sich nach einem laut aufgedrehten Fernseher umzuhören, der sein Bestes gibt, vier schreiende Kinder zu übertönen: Ihr Zimmer befindet sich direkt nebenan.

Hotelzimmer trifft man in zwei Temperaturen an: glühend heiß oder kochend heiß. Glücklicherweise wissen Hotels das und deponieren eine Extrawolldecke im Kleiderschrank, falls man doch ein wenig frösteln sollte. Gehobenere Häuser verfügen auch über Zimmer mit Klimaanlage. Manche von denen sind allerdings so laut, dass sie ebenso gut Flugsimulatoren heißen könnten. Die meisten Anlagen haben eine höchst verwirrende Anzahl von Reglern zum An- und Abdrehen. Schalten Sie sie unmittelbar nach Ihrer Ankunft ein, wird es in Ihrem Zimmer in der Regel kurz vor dem Auschecken behaglich sein.

Gegenstände, die jeder auch zu Hause hat, lösen in Hotelzimmern Verzückung aus: «Sieh einer an, eine kleine Blumenvase, das ist ja großartig!» Für Frauen ist der wichtigste Gegenstand in Hotels der Föhn. Bedauerlicherweise verfügen die meisten Hotelföhne über dieselbe Leistungskraft wie die Atmung eines sterbenden Greises. Nehmen Sie sich auch in Acht vor der Minibar. Sie ist die lukrativste Einrichtung des gesamten Hotels, und schon das Öffnen und ein kurzer Blick auf die darin befindlichen Erdnüsse treibt Ihre Hotelrechnung um zwei Zehnerstellen in die Höhe.

In guten Häusern erscheint der Zimmerservice binnen Sekunden, ob Sie es wollen oder nicht. Ihn wieder aus dem Zimmer hinauszubekommen ist ein anderes Thema, da er so lange um Sie herumschleicht und unnütze Fragen stellt wie «Kommen Sie von weit her?», bis Sie ein Trinkgeld aus dem Geldbeutel ziehen. Dies erschwert Frühstücken auf dem Zimmer ungemein, weil es kaum etwas Schlimmeres gibt, als jemandem weltmännisch ein Trinkgeld zuzustecken, wenn man noch halb im Koma liegt und splitternackt ist. Was jemanden noch schneller in Ihr Zimmer treibt als den Zimmerservice, ist das Schild «Bitte nicht stören». Es informiert die Voyeure unter der Hotelbelegschaft darüber, wann sie hereinplatzen müssen, um Sie und Ihren Personalchef in höchste Verlegenheit zu stürzen.

Viele Geschäftsreisende lieben ein Frühstück auf dem Zimmer. Allerdings stehen die Chancen zu bekommen, was man bestellt hat, ungefähr so gut, wie im Bad einen Männerchor vorzufinden. Um Ihr Frühstück zu ordern, füllen Sie ein kleines Kärtchen aus und hängen es außen an die Türklinke. Mitten in der Nacht sammelt dann irgendwer alle diese Kärtchen ein und vernichtet sie. Anschließend werden Frühstücksbestandteile willkürlich zugeteilt. Erst wenn Sie sitzen und anfangen wollen, merken Sie, dass etwas Entscheidendes fehlt, zum Beispiel ein Teelöffel. Sie könnten nun nochmal den Zimmerservice rufen, aber bis Sie den Löffel bekommen, beginnt bereits Ihre Sitzung.

Weckanrufe sollten niemals erst dann organisiert werden, wenn Sie schon auf dem Bett sitzen und sich mit dem

Weckdienst verbinden lassen. Aus dieser Position arrangierte Weckanrufe erfolgen garantiert eine halbe Stunde später als solche, die Sie an der Rezeption vereinbart haben. Wer sich wirklich mit Hotels auskennt, hält sich mit Weckanrufen erst gar nicht auf. Denn alles, was passiert, ist, dass man eine halbe Stunde vor dem Wecken aufwacht und sich dann nicht unter die Dusche traut, weil man genau weiß, dass in dem Moment, wo man den Kopf unters Wasser steckt, das Telefon klingelt.

Die meisten Hotels arbeiten heutzutage mit einem Express-Check-out. Das heißt, Sie checken so schnell aus, dass Sie Ihre Kamera vergessen, Ihre Hosen sowie Ihren Aktenkoffer mit sämtlichen hochwichtigen Geschäftsunterlagen. Wenn Sie persönlich auschecken, fragt man Sie gewöhnlich, ob Sie gerne hätten, dass man Ihren Kreditkartenbeleg an die Rechnung heftet. Sollten Sie das für eine bemitleidenswerte Frage halten, denken Sie daran, wie bemitleidenswert Menschen sind, die an der Frage geheftet / nicht geheftet brennend interessiert sind. Am bemitleidenswertesten daran ist, dass dies genau die Sorte Mensch ist, die Sie auf Ihrer entscheidenden Geschäftsreise treffen.

Hosenbügler

Die Feuerprobe, die Sie als Geschäftsmann im Gegensatz zu einem Arbeiter ausweist, besteht darin, ob Sie mit der Funktionsweise eines Hosenbüglers vertraut sind. Die meisten

Männer, ob Geschäftsmänner oder nicht, kommen glücklich durchs Leben, auch ohne je eine Hose damit gebügelt zu haben, aber stecken Sie einen Mann in ein Hotelzimmer, und er wird auf der Stelle damit beginnen, seine gesamte Garderobe in dieses Gerät zu quetschen, um jene messerscharfen Bügelfalten zu erzeugen, die für geschäftlichen Erfolg so unverzichtbar sind.

Vertreter für Hosenbügler müssen zu den überzeugendsten auf der Welt gehören, denn von allen Dingen, die man in einem Hotelzimmer wirklich brauchen könnte (wie vernünftig dimensionierte Zahnputzbecher, Pantoffeln oder eine Auswahl Kartoffelchips) haben sie es geschafft, ein Gerät zu verticken, das Falten aus Ihrem Hosenboden entfernt. Man kann das Ding noch nicht mal in eine Schublade wegräumen – es steht einfach wie ein kleines Männchen in der Ecke und sagt: «Ich will deine Hose bügeln.»

In Wahrheit ist der Hosenbügler ein Unterhaltungsservice für gelangweilte Führungskräfte. Schon allein weil es einen Hosenbügler gibt, müssen Sie Ihre Hosen bügeln. Sie zahlen doch keinen Wucherpreis für Ihr Zimmer, ohne mit einer Bügelfalte in der Hose dort herauszukommen, Sie nicht! Überließe ein Hotel seinen Gäste als Annehmlichkeit zuvorkommenderweise einen Schweißbrenner, würden Geschäftsleute an ihrem Gepäck vermutlich etliche Punktschweißungen vornehmen, die urplötzlich dringend erforderlich waren.

Geschäftsleute haben auf ihren Reisen häufig nur einen einzigen Anzug dabei, und wenn sie im Hotel ankommen, schieben sie als Erstes ihre Hose in den Bügler. Danach müssen sie exakt dreißig Minuten in Unterhosen herumsitzen. In dieser halben Stunde erhalten sie ungefähr achtzehn Besuche vom Zimmerservice, dem Wartungstechniker und anderen zufällig vorbeikommenden Fremden. Obwohl auch Frauen heutzutage Hosen tragen, kämen sie nie auf etwas so Albernes, wie in ihrem Hotelzimmer eine Hose bügeln zu wollen. Nur ein Mann kann glauben, dass eine halbstündige Erhitzung der Hose seine Aussichten auf beruflichen Erfolg steigern könnte. Deshalb muss es für Frauen im heimischen Schlafzimmer der ultimative Abturner sein – mal abgesehen von der bei Männern so beliebten traditionellen Kombination Unterhose–Socken –, wenn sie einen Hosenbügler in der Ecke entdecken. Wenn man es recht bedenkt, kann diese Unterhose-Socken-Kombination ihren Ursprung durchaus in den vielen Stunden haben, in denen Geschäftsleute so gewandet darauf warten, dass ihre Hosen endlich fertig gebügelt sind.

10 Mobiliar und Ausstattung

Büros

Großraumbüros sind nur groß, wenn Sie aufstehen. Solange Sie sitzen, könnten Sie sich ebenso gut in einem belüfteten Geschirrschrank befinden. Die Aussicht von Ihrem Schreibtisch sagt eine Menge über Sie. Handelt es sich um den Rundblick auf eine Weltstadt, sind Sie entweder enorm erfolgreich, oder Sie schauen auf eine Postkarte, die Sie an die dreißig Zentimeter entfernte Abtrennwand Ihrer Bürozelle gepinnt haben. Es ist eine betrübliche Tatsache, dass, je weniger Zeit jemand an seinem Schreibtisch verbringt, der Ausblick desto besser ist. Deshalb haben Vorstandsvorsitzende meist so eine wunderbar entspannende Aussicht. Wohingegen Sie, der Sie siebzig Stunden die Woche an Ihrem Schreibtisch kleben, wahrscheinlich einen Ausblick haben, als hätte man Ihnen einen Karton übergestülpt.

Die ärgerlichste Aussicht im Büro ist die auf den Rücken Ihres Vordermanns. Wenn Sie immer nur die Rückenansicht von jemandem zu sehen bekommen, werden Sie denjenigen irgendwann hassen, insbesondere den blöden kleinen Leberfleck in seinem Nacken. Doch der schlimmste Ausblick von allen ist der auf Ihren Chef, denn wenn Sie ihn sehen können, kann er Sie auch sehen. Das bedeutet, dass Sie stundenlang sinnvolle Tätigkeiten simulieren und mit Ihren Freunden am Telefon reden müssen wie mit wichtigen Geschäftskontakten.

Wenn Leute Büros beziehen, kommt es immer zu einem ungehörigen Gerangel, weil sich jeder einen Schreibtisch am Fenster sichern will. Ein Fenster ist eine feine Sache, vor allem wenn es eines ist, aus dem man sich unbemerkt davonstehlen kann (versuchen Sie das nicht, wenn Sie im dreiunddreißigsten Stock arbeiten). Keine so feine Sache ist ein Fenster, wenn es direkt auf eine Mauer mit der Aufschrift «Wir werden alle sterben» hinausgeht. Spitzenmanager, die effizient kommunizieren möchten, sollten versuchen, außerhalb des Gebäudes Schilder aufzustellen – bedenkt man, wie viel Zeit ihre Untergebenen damit zubringen, aus dem Fenster zu starren.

Einer der Vorzüge, Geschäftsführer zu sein, besteht darin, dass man von seinem Büro die tollste Aussicht im ganzen Gebäude hat. So jemand braucht Ruhe und Frieden, er muss ja zugegebenermaßen eine Menge taktische Gedanken auf höchstem Niveau entwickeln. Und jeder weiß, wie unmöglich es ist, einen vernünftigen Gedanken zu fassen, wenn sieben Telefone klingeln, vier Leute etwas von einem wollen und am Nebenschreibtisch einer Elvis nachmacht – schließlich muss das jeder, außer dem Geschäftsführer, versteht sich.

Schreibtische und Stühle

Im Büro des Geschäftsführers gibt es zwei Sitzgelegenheiten. Eine davon ist einszwanzig breit, bezogen mit Charolaisrindsleder und sieht aus wie die Handfläche von King Kong. Das ist nicht die, auf der Sie während Ihres jährlichen Zusammengestauchtwerdens sitzen. Ihr Stuhl ist der kleine aus Plastik, auf dem man nur völlig verkrümmt sitzen kann und der kurz vor dem Zusammenbrechen steht – was exakt dem Gefühl entspricht, das er hervorrufen soll. In den großen Sitzungszimmern von Aufsichtsräten stehen gewöhnlich Unmengen gigantischer Drehstühle. Bei Ihrer ersten Teilnahme an einer solchen Sitzung macht es keinen guten Eindruck, wenn der Rest des Gremiums hereinkommt und Sie in Ihrem Stuhl herumwirbeln und *Karussell* spielen.

Hüten Sie sich vor Büros mit Sofas. Dann befinden Sie sich nämlich entweder in der Personalabteilung, wo man es Ihnen behaglich machen will, während Sie Ihren Entlassungsbogen ausfüllen, oder Sie sind in einer Werbeagentur, wo man es Ihnen behaglich machen will, bevor man Ihnen eine Kampagne vorstellt, die ein dressierter Affe hätte entwickelt haben können.

Ein mit Papieren, Berichten und angebissenen Sandwichs übersäter Schreibtisch bedeutet, dass Sie ein ineffizienter, nichtsnutziger Chaot sind, der gefeuert gehörte. Ein blitzblanker Schreibtisch mit absolut nichts darauf hingegen bedeutet, dass Sie ein ineffizienter, nichtsnutziger Chaot sind, der gerade gefeuert wurde. Eine gute Methode, zu überprüfen, ob Ihr Schreibtisch zu unaufgeräumt ist, besteht darin, zu warten, bis das Telefon klingelt. Wenn Sie es hören, aber nicht sehen können, benötigt Ihr Schreibtisch vermutlich mehr als ein wenig Staubwischen. Manche Unternehmen verfolgen eine Politik des sauberen Schreibtischs, das heißt, keiner verlässt seinen Arbeitsplatz, bevor dieser aussieht wie das Deck eines Flugzeugträgers. In der Praxis lässt sich Politik des sauberen Schreibtischs gewöhnlich mit «volle Papierkörbe» übersetzen.

Die Schreibtische der Firma, für die Sie arbeiten, sagen viel über das Unternehmen aus. Hat Ihr Schreibtisch eine Holzklappe und irgendwo eine kleine Tintenfassaussparung, ist Ihre Firma wahrscheinlich nicht ganz auf dem neuesten Stand der technologischen Entwicklung. Ähnelt Ihr Schreibtisch dagegen dem Bodenkontrollzentrum in Houston, befinden Sie sich wahrscheinlich auf dem technologisch neuesten Stand und sind deshalb fast sicher von Arbeitslosigkeit bedroht.

Hotdesking ist ein schädliches neumodisches Phänomen und bedeutet, dass keiner mehr einen eigenen Schreibtisch hat. Stattdessen müssen Sie jeden Morgen einen freien Schreibtisch finden, an dem Sie sich niederlassen können, genauso wie Sie schon auf dem Parkplatz eine freie Lücke suchen mussten. Eine gute Methode, dieses System auszuhebeln, ist, eine ausrangierte Jacke über die Stuhllehne zu hängen, auf dem Schreibtisch ein Familienfoto aufzustellen und ein angebissenes Sandwich danebenzulegen. Oder ununterbrochen zu arbeiten, seinen Platz nie zu verlassen und am Schluss Finanzvorstand zu werden.

Eingangstüren

Fußmatten haben sich im Lauf der Jahre ein sehr schlechtes Image erworben, spielen in Bürogebäuden jedoch eine wichtige Rolle. Und zwar deshalb, weil sich beim Betreten eines solchen nie jemand die Füße abstreift. Wenn Empfangsdamen gelegentlich ein wenig grantig erscheinen, liegt das wahrscheinlich daran, dass Sie auf ihrem herrlichen Foyerteppich gerade eine Spur aus Matsch, Öl, Ruß und Dreck hinterlassen haben. Zu Hause haben Sie alles Recht der Welt, Leute aufzufordern, die Schuhe auszuziehen. Im Büro geht das nicht, da ansonsten der Marketingchef gezwungen wäre, sich seiner Schuhe mit Spezialeinlagen zu entledigen und alle merken würden, dass er ein Zwerg ist.

Die Leute streifen beim Betreten eines Bürogebäudes die Füße deshalb nicht ab, weil sie in der Regel anderes im Kopf haben, zum Beispiel wie sie als Erster hineinkommen. Ein unbekanntes Gebäude zu betreten kann zum Höllenspektakel geraten. Drehtüren etwa geben Anlass zu berechtigter Angst und tiefem Hass, und das aus gutem Grund. Handbetriebenen Drehtüren muss man gewöhnlich tüchtig mit der Schulter nachhelfen, damit sie sich überhaupt in Bewegung setzen, um dann urplötzlich gewaltig Tempo aufzunehmen. Daher sollten Sie nie eine Drehtür betreten, wenn gerade jemand versucht, diese zu verlassen. Denn wenn zwei gleichzeitig die Tür anschieben, wird genügend Wucht erzeugt, um die Schraube eines Kreuzfahrtschiffs anzutreiben. Das führt dazu, dass Sie postwendend wie ein Geschoss quer durch die Rezeption geschleudert werden und es die Person, mit der Sie verabredet waren, auf den Parkplatz hinauskatapultiert. Wenden Sie allerdings zu wenig Kraft an, bleibt die Tür genau dort, wo sie ist, und Ihr Gesicht klebt an der Scheibe.

Automatische Drehtüren sind genauso ekelhaft, weil sie darauf programmiert sind, Spielchen mit Ihnen zu spielen, die Ihre geschäftliche Glaubwürdigkeit und persönliche Würde untergraben. Kommen Sie der Vorder- oder Rückwand Ihres Abschnitts nur einen Fußbreit zu nahe, bleibt das ganze Ding ruckelnd stehen und lässt Sie in einem kleinen Glaskasten zurück, den nun alle anstarren, die im Empfangsbereich herumsitzen. Dieses eigenmächtige Stoppen und Anfahren stellt eine ungeheuerliche Bevormundung seitens der Tür dar und läuft darauf hinaus, dass Sie nicht unbeschadet selbst Ihre Runde drehen können. In Momenten wie diesen tun Sie einfach so, als wäre die Tür handbetrieben, und versetzen ihr einen ordentlichen Schubs.

Viele sicherheitsbewusste Firmen haben neuerdings ein zusätzliches Hindernis für ein würdevolles Betreten eines Gebäudes geschaffen: ein kleines Drehkreuz, auf das Sie zugehen, Ihre Kennkarte durch ein Lesegerät ziehen, Ihre Aktentasche anheben und dann unvermittelt zwischen zwei in

Leistenhöhe angebrachten Metallstangen stecken bleiben. Sobald Sie sich daraus befreit haben, müssen Sie jemanden vom Sicherheitsdienst aufwecken, damit er Sie durch die kleine Sperrtür an der Seite reinlässt, die er ohnehin nie zumacht.

Diese sicherheitsbewussten Firmen machen sich nicht klar, dass es eine absolut narrensichere Methode gibt, jedermann, einschließlich der eigenen Belegschaft, daran zu hindern, das Gebäude jemals zu betreten: simple Schilder an beiden Türen mit der Aufschrift «Ziehen».

Kühlschränke

Die kältesten und unwirtlichsten Orte auf dieser Welt sind die Antarktis und der Bürokühlschrank. Bei einem Notstand würde man mit den Beständen der Antarktis allerdings länger überleben.

Im Kühlschrank finden sich drei Sorten Milch: Die erste ist die rechtschaffene Vollmilch für normale fleißige Menschen; die zweite ist Halbfettmilch für leicht schrullige, neurotische Menschen, die auf einem fettreduzierten Getränk zu ihren süßen Teilchen bestehen; die dritte ist Magermilch, auf die nur die hohlwangigen Büropuritaner und Finanzchefs schwören, für die Abspecken eine Daseinsform ist. Darüber hinaus befindet sich noch eine vierte Substanz im Kühlschrank, die sogenannte Ex-Milch. Hierbei handelt es sich um Milch, die alle Stadien von Sahne über Butter bis zu Käse durchlaufen hat und nun zu radioaktivem Schlamm geworden ist. Schnuppern Sie nicht an dieser Milch, wenn Sie eine wichtige Aufgabe vor sich haben.

Milch gelangt nur dadurch in den Kühlschrank, dass in der Regel eine einzige Person so freundlich ist, welche zu kaufen. Man sollte annehmen, diese Person wäre allseits beliebt. Weit gefehlt. Tatsächlich wird sie ignoriert, bis sie die Milch eines Tages vergisst, und dann hassen sie alle.

Leute, die in der Mittagspause eingekauft haben, pflegen ihre Lebensmittel im Bürokühlschrank zwischenzulagern, bevor sie sie mit nach Hause nehmen. Das ist in Ordnung, aber lassen Sie die Sachen unbedingt in der Einkaufstüte, weil es in jedem Büro Männer gibt, die glauben, eine ungeöffnete Schokoladentorte im Kühlschrank sei eigens für sie gekauft worden.

In jedem Kühlschrank befinden sich außerdem stets kleine bekritzelte Zettel der Art «Hat der Himbeerkuchen wem gehört? Sonya anrufen». Wenn Sie sich beeilen, werden Sie Sonya noch dabei antreffen, wie sie gerade dem kompletten Kuchen den Garaus macht, um sich für ein besonders schonungsloses Beurteilungsgespräch zu entschädigen. In größeren Büros kann man in eine ziemlich ausufernde Kühlschrankzettel-Korrespondenz hineingeraten, aus der sich bisweilen sogar ein Techtelmechtel entwickelt. Achten Sie auf verräterische Anzeichen von Erfrierungen.

Für Chefs sind Kühlschränke ein subtiles Kontrollinstrument für das Einkommensniveau der Belegschaft. Wenn sich die Fächer unter Räucherlachs, Kaviar und Erdbeeren biegen, ruft das nach drastischen Gehaltskürzungen. Alternativ könnten H-Milch und eine Dose Schuhcreme Chefs dazu veranlassen, den Lohn auf das Mindestniveau anzuheben oder den Kühlschrank sogar einzuschalten.

Irgendwann muss jeder Kühlschrank abgetaut werden. Dabei stößt man häufig auf die perfekt erhaltenen Überreste von jemandem, der gerüchteweise in Frührente gegangen ist. Erstarrt sind diese Leute höchstwahrscheinlich in der Position, in der sie gestorben sind – mit der Nase an einer Flasche Ex-Milch schnüffelnd.

Erste-Hilfe-Koffer

Der Erste-Hilfe-Koffer eines Büro ist wie der G-Punkt: Jeder weiß, dass es ihn gibt, aber keiner weiß genau, wo. Und wie beim G-Punkt kann sich das Finden des Erste-Hilfe-Koffers als Enttäuschung herausstellen. Aus irgendeinem Grund scheinen sie allesamt sieben große Dreiecktücher zu enthalten. Man schätzt, dass allein englische Büros mehr Dreiecktücher bunkern, als im gesamten Krimkrieg zum Einsatz kamen. Sie wären ja durchaus praktisch, wenn das Gebäude bei einem Erdbeben einstürzt, sind aber ansonsten vollkommen nutzlos. Denn wer würde je sagen: «Ich habe mir die Schulter ausgerenkt. Nein, kein Krankenwagen, reichen Sie mir einfach eins von diesen Dreiecktüchern, dann mach ich mit dem Bericht weiter.» Kein Mensch, es sei denn, er hätte zudem noch einen schweren Schlag auf den Kopf bekommen.

In allen Büros muss es mindestens einen ausgebildeten Ersthelfer geben. Gewöhnlich ist dies der aussätzige Kollege mit dem thermonuklearen Mundgeruch. Bedauerlicherweise würden sich die Leute deshalb lieber freiwillig zu einer Operation am offenen Herzen durch den Wartungstechniker melden als zu einer Mund-zu-Mund-Beatmung durch den Ersthelfer. Es wäre viel sinnvoller, ihn dafür einzusetzen, alle Krankgemeldeten zu Hause aufzusuchen und nachzusehen, ob sie wirklich so krank sind, wie sie am Telefon geklungen haben.

Viele Erste-Hilfe-Koffer enthalten hilfreiche Leitfäden für Notfälle, die erklären, wie man sich bei Flutwellen oder massiven Anschlägen mit chemischen oder biologischen Waffen verhalten soll. Was sie nicht tun, ist, einem nützliche Hinweise für die wahren Notfälle in Büros zu geben wie abgebrochene Fingernägel oder einen Chef mit schwerem Schluckauf nach dem Mittagessen. Ist wahrscheinlich aber auch egal, da zu deren Behebung zweifellos nur ein paar große Dreiecktücher erforderlich sind.

Echte Erste-Hilfe-Koffer sollten im Kühlschrank aufbewahrt werden und eine Reihe eisgekühlter Flaschen Gin und Tonic enthalten. Bestehen Sie darauf, ein eigenes Erste-Hilfe-Set zu bekommen, so sollte es mit Kopfschmerztabletten, starken Antidepressiva und Wegwerfwindeln für den Einsatz im jährlichen Beurteilungsgespräch bestückt sein. Natürlich ist der Inhalt des Erste-Hilfe-Koffers eine rein akademische Frage, denn wenn es darum geht, ihn im Notfall aufzustöbern, hätte man größere Chancen, den Heiligen Gral zu finden.

Topfpflanzen

Topfpflanzen sind für Büros, was Torhüter für den Fußball sind: Sie sehen lächerlich aus, und ihre einzige Funktion besteht darin, einem im Weg zu stehen. Glücklicherweise sind zum Beispiel von den rund sieben Millionen Büropflanzen in England 4,5 Millionen derzeit tot oder doch todkrank. Die meisten sterben an Passivrauchen, weil jede Zigarette, die in der Erde einer Topfpflanze ausgedrückt wird, sie drei Wochen ihres Lebens kostet – ausgenommen Tabakpflanzen, die dadurch regelrecht aufblühen.

Büropflanzen gehören zu den widerstandsfähigsten Gewächsen der Welt, denn abgesehen von den zwanzig Zigaretten, die sie täglich rauchen, erhalten sie eine Kost aus Kaffee, Tee, Ochsenschwanzsuppe und der jährlichen Dosis Weihnachtsfeierurin. Überdies müssen sie die gärtnerischen Bemühungen des Reinigungspersonals verkraften, die sie täglich mit Möbelpolitur einsprühen, damit sie hübsch glänzen.

Topfpflanzen haben allerdings auch einen sehr gesundheitsförderlichen und nutzbringenden Aspekt: Sie nehmen schädliche Gase auf und wandeln diese in wertvollen Sauerstoff um. In dieser Hinsicht sind sie das genaue Gegenteil der Jungs aus der Poststelle, die wertvollen Sauerstoff einatmen und diesen in schädliche Gase umwandeln. Pflanzen wachsen, wenn man sich nett mit ihnen unterhält, deshalb machen sie sich in Personalabteilungen besonders prächtig. Es erklärt auch, warum so viele Chefs verkümmerte kleine

Bonsais auf ihren Schreibtischen stehen haben, da in diesem Klima eben nichts besonders gut gedeiht.

Aufzüge

Aufzüge in Bürogebäuden sind Minilabors, um menschliche Peinlichkeiten zu studieren. Das liegt daran, dass es gewöhnlich sehr schwerfällt, eine gepflegte Unterhaltung mit jemandem zu führen, der nur Millimeter von den vorwitzigsten Ihrer Nasenhaare entfernt ist. Manche Frauen halten Aufzüge überdies für einen ausgezeichneten Ort, sich bei Fahrten über zehn Stockwerke eine Generalüberholung zu gönnen, Strähnchen ins Haar zu machen und die Bikinizone mit Wachs zu enthaaren. Das mag für sie ja sehr zweckmäßig sein, allen anderen im Aufzug kann das dagegen leicht peinlich werden.

Wenn Sie wissen wollen, ob ein Unternehmen international hoch hinauskommt, müssen Sie sich bloß die Aufzüge anschauen. Firmen mit tapezierten Aufzügen befinden sich auf direktem Weg in den Konkurs; Firmen mit gläsernen Aufzügen an den Außenfassaden fußen wahrscheinlich auf irgendwelchem Enron-Kapital; und ein Unternehmen mit mehr Aufzügen als Etagen taugt sehr wahrscheinlich in keiner Branche was.

In urigen alten Anwaltskanzleien hält man gerne an den antiken hölzernen Aufzügen mit Eisengittertüren fest, die so schwer aufgehen, dass sie eigentlich nur öffnen kann, wer regelmäßig Bankdrücken in der Gewichtsklasse über

136 Kilogramm macht. Sobald man drin ist, drückt man den Knopf, und der Aufzug schießt aufwärts und erreicht alle zehn Minuten ein Stockwerk. Wenn Sie in einem solchen Teil stecken bleiben, betätigen Sie niemals den Alarmknopf, da diese Maßnahme lediglich das fasrige alte Seil durchtrennt, an dem der Aufzug hängt.

Neue Aufzüge haben elektronische Stimmen, die einen gönnerhaft behandeln, indem Sie «Aufwärts» sagen, wenn man gerade im Erdgeschoss eingestiegen ist. Viel besser wäre es, dass eine Stimme wirklich sinnvolle Dinge sagte wie: «Würde der Herr mit der grünen Krawatte aus Gründen der Bequemlichkeit und Sicherheit für die verbleibenden Fahrgäste bitte im nächsten Stock aussteigen?» Außerdem verfügen moderne Aufzüge über hochsensible Türen, die selbst die gebrechlichsten älteren Damen offen halten können. Man muss dafür zwar ihren gesamten Körper seitlich dazwischenkeilen, aber es lässt sich machen.

Die Newton'schen Gesetze haben in Aufzügen keine Gültigkeit. Denn wenn Sie zur Chefetage rauffahren, rutscht Ihnen das Herz in die Hose, und wenn Sie wieder runterfahren, haben Sie Auftrieb (sofern Sie Ihren Job noch haben).

Toiletten

Der Mensch hat Hunderttausende von Jahren gebraucht, um sich vom primitiven Wilden zum hochtechnisierten Meister des Universums zu entwickeln. Um diese Entwicklung in umgekehrter Richtung zurückzuverfolgen, reicht es, in einem beliebigen modernen Büro die Herrentoilette zu betreten. Männer können zwar eine Cruise Missile durch ein Schlafzimmerfenster in Bagdad jagen, sind aber noch immer nicht in der Lage, aus nächster Nähe die Zielhilfen im Pinkelbecken zu treffen.

Es heißt, am Zustand der Toilettenräume ließe sich einiges über die Stimmung in einer Firma ablesen. Stimmt das, muss sich die gesamte französische Wirtschaft in einem Stadium tiefer und dauerhafter Depression befinden. Sieht man sich dagegen die makellosen Waschräume der Finanzwelt an, muss man sich fragen, ob Banker je Stuhlgang haben. Da man weiß, wie schwierig es ist, einem Typen von der Bank überhaupt etwas zu entlocken, darf vermutlich als gesichert gelten, dass nicht.

Auf der Toilette kann man viel über seine Kollegen lernen. So können Sie zum Beispiel feststellen, dass dieser kleine Pinscher von Buchhalter, der den ganzen Tag keinen Tee oder Kaffee anrührt und zu Mittag eine kleine Diätcoke hatte, trotzdem über fünf Minuten pisst wie ein Pferd. In der Regel lähmt nichts den freien Urinfluss schneller, als wenn der Geschäftsführer ans Pissoir neben einem tritt und fragt: «Und wie läuft's so mit der Karriere, Michael?» Vor allem wenn Sie gar nicht Michael heißen.

Nach dem Händewaschen kann man die Hände auf drei verschiedene Arten trocknen. Entweder hängt eine Stoffrolle an der Wand, die sich nur bei jedem zehntausendsten Benutzer dreißig Zentimeter weiterziehen lässt. Oder es gibt einen

Heißlufttrockner mit der Pustekraft eines asthmatischen Neunzigjährigen, der sich abschaltet, wenn Ihre Hände noch immer tropfnass sind. Schließlich stoßen Sie ab und zu auf einen wirklich leistungsstarken Trockner, den Sie törichterweise nach oben richten und anschließend aussehen wie Beethoven. Bleibt, was Sie tun, wenn es weder Handtücher noch Trockner gibt. Ihre einzige Möglichkeit ist dann, heftig mit den Händen zu wedeln, als wollten Sie ein klebriges Pflaster loswerden. Dies ist normalerweise der Moment, in dem der Geschäftsführer hereinspaziert und Sie für einen absoluten Spinner hält.

Damentoiletten erinnern dagegen stark an Damenhandtaschen – von außen nichts Besonderes, aber im Inneren eine Welt voller Faszination, Geheimnis und aufregender Dinge. Seit jeher fragen sich Männer, was in Damentoiletten vor sich geht, denn wenn man zufällig an einer sich gerade wieder schließenden Tür vorbeikommt, hört man drinnen Frauen immer lachen, plaudern und allerlei sagenhaft lustige Dinge tun.

Im Allgemeinen malen Männer sich aus, dass es in einer Damentoilette einen Billardtisch gibt, Musikautomaten, Kühlschränke voller exotischer Drinks, Kosmetikerinnen, die Algengesichtsmasken machen, bodendeckende Flokatiteppiche, Musikberieselung, Lavendel- und Schlüsselblumenduft und an den Wänden große Poster von George Clooney sowie vergrößerte Artikel aus der *Cosmopolitan* mit Überschriften wie «So demütigt man Männer im Bett und in der Vorstandssitzung».

Natürlich gibt es noch weitere Gründe, weshalb sich dort ständig Schlangen bilden. Einer davon ist, dass Frauen alles tun würden, um zu verhindern, sich auf die Klobrille zu setzen. Sie baumeln lieber mit beiden Händen am Beleuchtungskörper oder verkeilen sich mit den Beinen zwischen den Kabinenwänden oder benutzen das gesamte Klopapier, um damit die Kabine vom Fußboden bis zur Decke auszukleiden. Außerdem ist es selbstverständlich nicht gerade hilfreich, dass es immer nur eine einzige Kabine gibt. Doch der Rest des Platzes wird benötigt für Hometrainer, Whirlpools, Kosmetikstände etc.

11 Essen, Trinken und Kleidung

Kaffee und Tee

In Großraumbüros gibt es ein Ritual, bei dem alle stundenlang darauf warten, dass irgendwer sagt: «Wer will Kaffee?» Diese Person wird sich dann für den Rest des Tages in der Küche wiederfinden und die kleine Tabelle abarbeiten, auf der steht: «Diane: weiß mit zwei Süßstofftabletten und eine halbe Quarkschnecke». Selbstverständlich hassen alle den Kaffee aus dem Automaten, aber es gibt etwas, das alle noch mehr hassen, und das ist die «Ich trinke keinen Kaffee, ich hab Rhabarbertee»-Fraktion.

Die Standardgetränkebestellung im Büro lautet: «Mit Milch, ohne Zucker.» Sie signalisiert, dass es sich bei Ihnen um eine normale, nette, durchschnittlich um ihre Gesundheit besorgte Person handelt, die nichts gegen ein bisschen Stimulanz hat. Mit allem anderen machen Sie Aussagen über sich selbst. Bestellen Sie beispielsweise Tee statt Kaffee, lässt sich im Allgemeinen wahrheitsgemäß sagen, dass Sie ein angenehmer, entspannter Mensch sind. Es sei denn, Sie orderten Kräutertee, was hieße, dass Sie zu angenehm und zu entspannt sind, wahrscheinlich das Wort Profit nicht leiden können und deshalb wohl über keinerlei Verkaufskompetenz verfügen. Earl Grey zu mögen sagt zweierlei über Sie aus: zum einen, dass Sie vornehm sind oder es sein wollen, und zum anderen, dass Sie es lieben, wenn Ihr Tee ein leichtes Spülmittelaroma hat.

Superprogressive Firmen haben Cappuccino-Bars, an denen man stets frischen Kaffee und eine Auswahl frisch gebackener Köstlichkeiten erhält. Das sind beliebte Treffpunkte, insbesondere für die Konkursverwalter, die vorbeikommen, um die Firma wegen mangelnder Kostenkontrolle abzuwickeln.

Getränkeautomaten

In primitiven Kulturen muss Männlichkeit gelegentlich durch das Trinken eines Gebräus unter Beweis gestellt werden, das aus dem Hinterteil der fangzähnigen Mistfledermaus gewonnen wurde. In unserer Kultur wurde es durch Kaffee aus dem Getränkeautomaten ersetzt. Alle Getränke darin haben Nummern, etwa «Mit Milch, ohne Zucker: 402». Diese Zahl entspricht der radioaktiven Halbwertszeit der Substanz, die das Gerät in Ihre Tasse kippt.

Getränkeautomaten füllen Ihren Becher bis einen Millimeter unter den Rand. Der Becher selbst ist so instabil, dass er bei der leichtesten Berührung die Fasson verliert und sich sein Inhalt auf das Hemd Ihres Chefs ergießt. Und sollten Sie den Becher heil bis zu Ihrem Schreibtisch bringen, fühlt es sich so an, als hätten sich die obersten drei Hautschichten Ihrer Finger abgelöst.

Sind Sie Raucher, lässt nichts Kaffee besser schmecken als ein tiefer Zug an einer Zigarette. Sind Sie Nichtraucher, lässt nichts Kaffee mieser schmecken als das, insbesondere wenn Sie den Stummel verschlucken, den vorher jemand reingeworfen hat. Alle Büroangestellten kennen die eigentümliche Anziehungskraft zwischen Kaffee und dem Schriftstück, das Sie Ihrem Chef vorlegen müssen. Zum Glück funktioniert das menschliche Reaktionsvermögen nie besser, als wenn ein Kaffeebecher umzukippen droht. Im letzten Moment kann er noch von dem Schriftstück weggestoßen werden und ergießt sich stattdessen direkt auf Ihre Computertastatur.

Nur Leute von außen, die zum Saubermachen kommen oder um etwas zu reparieren, nehmen zwei Stück Zucker im Kaffee. Deshalb bekommt man in Sitzungen, wenn Tee und Kaffee gebracht werden, nie diese wirklich praktischen Zuckerspender aus Glas mit der silbernen Tülle, die riesige Teelöffelportionen in den Becher befördern. Das ist vermutlich auch ganz gut so, denn angesichts der winzigen Spielzeugtässchen, die auf dem Tablett mit den muschelförmigen Henkeln stehen und in denen man mit den Fingern stecken bleibt, wäre mit einem Teelöffel Zucker die Tasse schon halb voll. Zusätzlich besteht das Problem, dass Sie in einer Sitzung nicht umrühren können, denn während Ihr großer Boss gerade den jähen Einbruch der Verkaufszahlen erläutert, will niemand Sie wie eine kleine Wäscheschleuder herumklappern hören.

Ein anderes Extrem sind Menschen, die ihren Kaffee schwarz trinken. Diese Leute haben ausnahmslos kantige Kiefer, sind abgebrüht und herzlos, unterminieren mit größtem Vergnügen jedermanns Selbstvertrauen und kriegen im Berufsleben einfach alles hin, außer diese kleinen Kondensmilchdöschen zu öffnen. Eine letzte Warnung: Läuft Ihnen jemand über den Weg, der seinen Kaffee schwarz mit zwei Stück Zucker trinkt, ist es sehr wahrscheinlich, dass diese Person schwer gestört ist und gewalttätigen Stimmungsschwankungen unterliegt. Ein Grund dafür ist, dass solche Leute schon eine Ewigkeit im Berufsleben stehen und nie das Getränk bekommen haben, um das sie gebeten haben.

Kekse und Snacks

Die Sorte Keks, die Sie im Büro bevorzugen, verrät alles über die Branche, in der Sie arbeiten, sowie, nicht weniger bedeutsam, darüber, was für eine Sorte Mensch Sie sind. So wird es niemanden wirklich überraschen, wenn er erfährt, dass die Nummer 1 sowohl in Werbeagenturen als auch in Immobilienbüros Schokodoppelkekse sind.

Verdauungsfördernde Vollkornkekse werden von ernstgesinnten Leuten wie Steuerprüfern oder Arbeitsschutz-Beauftragten verzehrt. Ihnen im Gegenzug einen Schokoladenkeks anzubieten kann als Bestechungsversuch ausgelegt werden. Am anderen Ende der Skala stehen die Liebhaber von Waffelgebäck mit rosa Füllung, die in Gestalt von Designberatern und Inneneinrichtern auftauchen. Wenn Ihnen solche Waffeln in einer Baufirma angeboten werden, prüfen Sie nach, wie man dort den Beton mischt.

Exotischere Kekse findet man in stärker spezialisierten Milieus; sirupgetränktes Gebäck ist bei persischen Teppichgroßhändlern, aber auch bei Trockenreinigungsbetrieben beliebt. Erfolgreiche Kleinunternehmer pflegen zu Butterkeksen zu greifen, während alternde Fußballtrainer eher Müsliriegel bevorzugen. Reiswaffeln und Zwieback werden nur in Büros kleiner Interessenverbände gegessen, die jeden hassen, einschließlich sich selbst. Sollten Sie dort einen Termin haben, bringen Sie zur allgemeinen Aufmunterung eine Packung Schokohaferkekse mit.

Snacks sind die Luftbetankung des Bürolebens. Frauen, die zum Mittagessen ein kalorienarmes Salatblatt essen, hatten häufig vormittags schon ausreichend Snacks, um damit einen schmächtigen türkischen Gewichtheber aufzupäppeln.

Von allen Naschereien ist Schokolade die bedeutsamste. Frauen haben ein tieferes und komplexeres Verhältnis zu Schokolade als zu Männern. Das liegt daran, dass Schokolade besser schmeckt, mehr unmittelbare Resonanz bietet und man seine Zähne benutzen kann.

Jedes Büro, das Ihnen gestattet, zum Frühstück ein Sandwich mit gebratenem Speck zu verzehren, fühlt sich ohne Frage dem Wohlergehen seiner Belegschaft sehr verpflichtet.

Leider bedeutet es auch den Einsatz eines Wartungstrupps, der nichts anderes tut, als Tomatenketchup aus Tastaturen zu entfernen.

Nationale Rechnungshöfe haben statistisch nachgewiesen, dass gewohnheitsmäßige Kekseintunker leistungsschwache Menschen sind. Es handelt sich dabei um eine bizarre Angewohnheit, da sehr oft die Hälfte des Keks in den Kaffee fällt. Das liegt jedoch nicht an mangelnden Tunkfähigkeiten, denn wenn man einen Eisenstab in Kaffee aus dem Getränkeautomaten tauchte, würde er sich ebenfalls auflösen und abbrechen. ·

Firmenkantinen

Im Büro weiß man, wann Mittagszeit ist, wenn nämlich der Magen lautere Geräusche von sich gibt als der Chef. Sich zur Mittagspause von seinem Chef loseisen zu können ist toll, solange es nicht heißt, dass man in die Kantine geht.

Stellenanzeigen werben häufig mit einer «bezuschussten Kantine» als zusätzlichem Anreiz. Sofern dem nicht das Angebot «kostenlose Krankenversicherung» folgt, lassen Sie die Finger von dem Job. Kantinenessen hatte noch nie einen besonders guten Ruf, und wo versucht wird, eine Mahlzeit für 45 Cent pro Person aufzutischen, sollte man nicht sonderlich überrascht sein, das kulinarische Äquivalent von eingeschlafenen Füßen auf dem Teller vorzufinden.

Aufläufe mit Fleisch sind normalerweise ein Kantinenrenner und heißen gerne Jäger- oder Bauerntopf. Für Vegetarier wird das Fleisch einfach weggelassen und das Ganze Gärtnertopf genannt, um etwas wirklich Exotisches daraus zu zaubern, eine Prise Curry zugefügt und Drachentopf getauft. Lasagne ist Bauerntopf mit Nudeln statt Kartoffeln, und Ozeantopf ist Jägertopf mit Fisch. Er wird gewöhnlich freitags serviert, damit die Leute auf jeden Fall das Wochenende Zeit haben, ihn wieder zu vergessen.

Heutzutage vergibt man die Verpflegung gern an kundenorientierte Catering-Firmen. ‹Kundenorientiert› heißt in diesem Zusammenhang, dass man Sie nicht aus den Augen lässt, wenn Sie sich bei den Pommes frites bedienen, damit Sie auch ja nicht zu viel nehmen und die Dividenden für die Aktionäre aufs Spiel setzen. Das große Geheimnis lautet hier «Portionskontrolle» und heißt, dass man, statt sich einen ordentlichen Schuss Ketchup über die Lasagne kippen zu können, ein kleines Tütchen zum Ausdrücken bekommt, das nicht viel mehr hergibt als ein fetter Mitesser.

In früheren Zeiten hatte die Leitungsebene einen eigenen Speiseraum. Heute dagegen geht es demokratisch und weitläufig zu, und Sie können sich hinsetzen, wohin Sie wollen, was natürlich zufällig jeder Tisch ist, an dem kein leitender Angestellter sitzt.

Alkohol

Alkohol und Arbeit passen nicht zusammen. Deshalb sollten Sie sich, wenn Sie Lust auf Ersteres haben, wirklich nicht mit Letzterem belasten. Übermäßiges Trinken am Arbeitsplatz vermittelt Ihnen das Gefühl von Kontaktfreudigkeit und Aufgekratztheit sowie das Selbstbewusstsein, zu allem fähig zu sein. Anders gesagt: Sie fühlen sich genauso, als arbeiteten Sie im Verkauf. Am Tag darauf, wenn Sie den Eindruck haben, dass die ganze Welt eine unerbittlich den Schädel zerquetschende Folterkammer ist, fühlen Sie sich dagegen so, als ob Sie in der IT-Abteilung tätig wären.

Schon zum Mittagessen zu trinken ist ein großes Vergnügen, und zwar nicht nur für jene, die es tun, sondern auch für jene, die für diejenigen arbeiten, die es tun. Denn die Nachmittage werden dadurch zu einer Zeit, in der Ihre Spesenabrechnung abgesegnet, Ihr Urlaub bewilligt und Ihr Gehalt erhöht wird, indem Sie einfach den Kopf Ihres Bosses vom Schreibtisch heben, süß lächeln und ihm das entsprechende Schriftstück unter die Nase schieben. Wenn wir von Trinken während des Mittagessens sprechen, meinen wir nicht einen halben Liter irgendeines Bier-Limonaden-Gemischs – wir meinen Trinken in Größenordnungen, die Sie vom Gasthaus gegenüber nicht mehr ins Büro zurückfinden lassen.

In bestimmten Branchen wird erheblich mehr getrunken als in anderen. So ist die Computerbranche praktisch abstinent, weil Computer eine äußerst geringe Toleranz gegenüber unverständlichen Eingaben zerrütteter Menschen aufweisen. In Branchen wie Public Relations, in denen Klarheit des Denkens als beruflicher Nachteil gilt, ist Trinken ein Muss, bis das gewünschte Level hirnloser Jovialität erreicht ist. Am traurigsten sind dabei die besoffenen alten Knacker, die stundenlang dahocken und lauthals vor jedem, der ihnen zuhört, ihre persönlichen Unzulänglichkeiten ausbreiten. Doch selbst in diesen Vorstandssitzungen scheinen alle im entscheidenden Moment wieder nüchtern zu werden, wenn es darum geht, sich selbst lukrative Aktienoptionen zu bewilligen.

Die meisten Menschen gehen nach der Arbeit gern etwas trinken, vor allem freitags, wenn es nicht darauf ankommt, wie schlecht einem am nächsten Tag ist. Diese After-Work-Partys zeigen Ihnen genau, welchen Stand Sie im Büro wirklich haben. Wenn alle sagen, man treffe sich in der Eckkneipe, und Sie sitzen bei Kneipenschluss noch immer mutterseelenallein an Ihrem vierten großen Bier nuckelnd da, können Sie ziemlich sicher sein, dass der Rest der Truppe in einer anderen Kneipe auf den Putz haut.

Es ist absolut die Regel, dass derjenige im Büro mit dem geringsten Einkommen der Erste ist, der die Knete rausholt und eine Runde schmeißt. Er ist auch der Erste, der absolut hackezu ist und etwas derartig Ausfälliges von sich gibt, dass er bei der nächsten Gehaltserhöhung aufgrund siebenjähriger Betriebszugehörigkeit übergangen wird.

Glauben Sie bloß nicht, dass Sie sich, nur weil Sie der Chef sind, an dem Spaß beteiligen könnten. Sechs Minuten nach Ihrer Ankunft im Lokal wird jeder plötzlich zum Babysitten aufbrechen müssen. Dieses Babysitten beginnt fünf Minuten später zwei Kneipen weiter.

After-Work-Partys zerfallen in drei Phasen: Phase eins besteht aus allgemeinem Jammern darüber, dass die Firma mies ist, die Kundschaft grässlich und der Chef ein Hornochse; die nächste Phase, nach dem zweiten Bier, besteht aus intensivem Meckern über die Person in der anderen Kneipe; die dritte Phase setzt ein, wenn die Leute mit Familie nach Hause gehen und den Alleinstehenden überlassen, sich nun bis an den Punkt zu saufen, wo ein Döner eine gute Idee zu sein scheint.

Schließlich gibt es noch eine weitere absolute Regel, dass nämlich die letzten zwei Personen, die die Kneipe verlassen, eine Affäre anfangen und irgendwohin gehen, um dort Dinge zu tun, die mit ihren Stellenbeschreibungen nichts zu tun haben.

Rauchen

In den Fünfzigern hat man beim Arbeiten geraucht, und wer das nicht wollte, konnte kurz nach draußen gehen und einen Lungenzug Smog nehmen. Heutzutage wird nur noch in kleinen Auftragsdruckereien gepafft, wo der Chef eine alte Pfeife raucht und die gesamte Belegschaft zuräuchert.

Rauchen ist eine gute Methode, mit Leuten anzubandeln. Eine Zigarette lässt sich in einer Vertraulichkeit teilen, wie es mit einem Müsliriegel nie möglich wäre. Bieten Sie übrigens nie jemandem eine Zigarette an, der Müsliriegel isst. Das sind Lebensstilfragen.

Man weiß immer, wann ein Raucher an einer Sitzung teilnimmt, weil er alle fünf Minuten auf den Tisch trommelt und auf einer Pause besteht, um «frische Luft zu schnappen». Erheblich nervöser und aggressiver sind allerdings die giftigen Rauchgegner, die Rauchen als einen tödlichen Anschlag betrachten.

Rauchen ist außerdem eine großartige Ausrede für Nichtstun. Ein Nichtraucher, der grundlos unter einem Dachvorsprung herumsteht, würde zu Recht als Drückeberger bezeichnet. Militante Ex-Raucher können die beim Rauchen verbrachte Zeit mit nichts kompensieren, da einer Zigarette gewöhnlich eine Tasse Kaffee folgt nebst der Analyse des Tratschs, der während des Draußenstehens aufgekommen ist.

Zigaretten schaden Ihrer Gesundheit. Bei jedem Wetter hemdsärmelig vor der Tür zu stehen öffnet einer Lungenentzündung Tür und Tor. Draußen zu rauchen bedeutet auch, dass der Eingangsbereich aussieht, als hätte jemand seinen Autoaschenbecher ausgeleert. Deshalb sind Raucher gezwungen, ihre Stummel in die Jacketttasche zu stecken, was gelegentlich zu dem ungemein unterhaltsamen Spektakel führt, jemanden während eines wichtigen Kundentelefonats in Flammen aufgehen zu sehen.

Geschäftskleidung

Im Berufsleben sagt Ihre Kleidung mehr über Sie aus, als Sie selbst je könnten. Die Entscheidungen, die Sie frühmorgens vor dem Spiegel treffen, sind deshalb wichtiger als alle Entscheidungen, die Sie im Büro fällen.

Der herkömmliche Herrenanzug ist insofern wie eine Frau, als er sich umso besser anfühlt, je anschmiegsamer er ist. Ein Einreiher ist dabei einem Zweireiher immer vorzuziehen. Nur breitgebaute Typen, Anwälte und Kandidaten konservativer Parteien tragen zweireihige Anzüge. Bei der Auswahl des Stoffs kommt entweder ein sehr dunkles Grau oder ein sehr dunkles Blau in Betracht. Lilafarbene, maulwurfsgraue oder rote Anzüge sind etwas für Moderatoren im Kinderfernsehen und Buchhalter kleiner Designbüros, die nur sehr wenig kreative Arbeit zu leisten haben.

In der Berufswelt finden wir zwei Arten von Krawatten. Die erste ist aus zurückhaltend und schlicht gemusterter sechslagiger Seide. Bei der anderen handelt es sich um ein krawattenförmiges Stück Tapete aus einem indischen Restaurant, das nur kurz einen Nacken ziert, bevor es im Schaufenster einer Wohlfahrtseinrichtung seiner eigentlichen Bestimmung zugeführt wird. Krawattenknoten sollten nie dicker sein als der Kopf ihrer Träger. Zugleich sollte eine Krawatte aber auch nie so breit sein, dass sie beide Brustwarzen bedeckt.

Männer können besonderes Gespür für elegante Bekleidung anhand der Wahl ihrer Manschettenknöpfe demonstrieren. Hier gilt die Regel, dass Modelle, die auch als Ohrringe gut aussähen, im Berufsleben unpassend sind.

Ebenso können Sie entweder zweckmäßige schwarze Schnürschuhe tragen oder sich bewusst für braune Wildlederslipper entscheiden und Ihre Karriere damit auf das Abstellgleis für Totalversager schieben. Sie können durchaus auch Sandalen tragen, solange Sie in der Softwareentwicklung tätig sind und keinerlei relevante Beziehung zu irgendwas anstreben, das nicht Intel inside hat.

Eines der Geheimrezepte, um Spitzenkraft zu werden, lautet: Lassen Sie sich nie im Jackett Ihres Anzugs erwischen. Dafür existieren drei Aufbewahrungsorte: der Fond Ihres Autos, die Rückenlehne Ihres Bürostuhls und die Garderobe im Businessclass-Abteil einer Boeing 777. Denn im Anzugjackett sehen Sie leicht etwas steif und wie ein Buchhalter aus. Ohne Anzugjackett dagegen wirken Sie schwer beschäftigt und werden mit einer tendenziell kreativen Tätigkeit in Verbindung gebracht.

Berufstätige Frauen reißen morgens häufig die Türen ihres Kleiderschranks auf und jammern, sie hätten nichts anzuziehen. Da man im Büro noch nie eine Frau angetroffen hat, die nichts anhatte, kann da was nicht ganz stimmen. Wenn Männer dagegen ihren Kleiderschrank aufreißen, hängt dort nichts weiter als der Anzug, den sie schon bei ihrer Schulabschlussfeier getragen haben. Das Kopfzerbrechen darüber, was man anziehen soll, beschränkt sich daher auf ein absolutes Minimum.

Die Rocklänge ist ein guter Indikator dafür, mit welchem

Typ Frau man es im Büro zu tun hat. Bei knapp über dem Knie handelt es sich um die typische Vorgesetzte, bei einem guten Stück über dem Knie um die erbarmungslose Männerfresserin und ein gutes Stück über der Taille bedeutet, dass nach einem hastigen Toilettenbesuch eindeutig ein gewisses Nachbessern vonnöten ist. Bis zu den Knöcheln reichende Röcke zeichnen ältere Sekretärinnen aus, die im Hinterzimmer von Familienbetrieben arbeiten und eine Neigung zu nervösen Zipperlein haben. Sagen Sie niemals zu einer Geschäftsfrau: «Oh, dieses olle Teil schon wieder», insbesondere wenn es sich dabei um Ihre Chefin handelt und sie in der Modebranche arbeitet.

Weiblicher Schmuck hat viele Bedeutungen. Trauen Sie nie einer Frau mit mehr Ringen als Fingern – die taugen nie etwas. Hüten Sie sich auch vor Frauen, die mit Unmengen von Schmuck am ganzen Leib protzen. Sie verkaufen ihn vermutlich auf Kommissionsbasis, und noch bevor Sie «Tupperware» sagen können, sitzen Sie in ihrem Vorzimmer und werden zum Kauf einer entzückenden Kombination von Brosche und Diadem aus Perlmutt gezwungen.

Frauen leben in ständiger Furcht, bei einem Meeting auf eine andere Frau zu stoßen, die exakt das Gleiche trägt wie sie selbst. Zum Glück empfinden Männer nicht so, da ansonsten bei jedem Meeting mindestens ein Mann protestierend hinausstürmen würde: «O mein Gott, der hat ja genau das gleiche Polohemd und die gleichen Khakihosen an wie ich. Entweder er oder ich!»

Legere Kleidung

Früher bezeichnete Freitag den Zeitpunkt, an dem Ihr Chef Ihnen zum Ende der Woche die Hosenbeine lang zog, weil Sie an den übrigen Tagen rein gar nichts geschafft hätten. Heutzutage ist es eine unglaublich großzügige Geste von Firmen, den Freitag zum «Casual Friday» zu erklären, an dem man Ihnen gestattet, sich leger zu kleiden, sofern Sie keine Sitzung oder andere wichtige Dinge zu erledigen haben. Kleiden Sie sich also leger, heißt das nichts anderes, als dass Sie nicht hart genug arbeiten.

Seit dem Zusammenbruch des Kommunismus haben diese «Casual Fridays» dem reibungslosen Ablauf des Kapitalismus mehr geschadet als sonst etwas. Geschäftskleidung ist dazu da, Geschäfte in ihnen zu machen. Wenn Sie eine Schweißermaske tragen, erwarten die Leute Nieten, tragen Sie einen Geschäftsanzug, erwarten sie Geschäftliches, aber wenn Sie in Shorts und Sandalen daherkommen, werden sie annehmen, Sie seien flowerpowermäßig auf dem Weg nach San Francisco.

Erklärt der Geschäftsführer Ihnen, Sie könnten leger gekleidet zur Arbeit kommen, heißt das natürlich dennoch nicht, dass Sie in einem phosphoreszierenden Tanga antanzen können. Sie müssen sportlich elegante Kleidung tragen. Sportlich elegant ist eine bestimmte Art von Bekleidung, die außerhalb der Arbeitssphäre nicht vorkommt. Sie wurde eigens dafür entworfen, weder sportlich noch elegant zu sein. Tatsächlich ist sie mehr eine Uniform als ein Anzug, weil sportlich elegant bei Männern ausschließlich Polohemd und Khakihosen bedeutet. Bei Frauen dagegen ist alles unter der Sonne denkbar, außer Stöckelschuhe mit zehn Zentimeter hohen Absätzen.

In als chic geltenden Firmen, wo alle ständig leger herumrennen, würde die Einführung eines «Casual Friday» schnell zum Entstehen einer Nudistenkolonie führen. Diese Betriebe sollten stattdessen auf den formellen Freitag umschwenken, an dem jeder in einem zwölfteiligen Anzug nebst Gamaschen und Monokel antreten müsste. Das würde dort auch wertvolle Einblicke vermitteln, wie sich die Arbeit in einem altmodischen Handelskontor anfühlt.

Handtaschen

Die Handtasche einer berufstätigen Frau ist Büro, Waschraum, Datenbank, Erste-Hilfe-Zentrale, Beratungsbüro, Warenlager, Reisetasche und Finanzabteilung in einem, alles versammelt in einem schicken kleinen Umhängeteil.

Zu Damenhandtaschen gehört darüber hinaus ein separates Minitäschchen, das wie eine Mondfähre vom Mutterschiff aus zu kleineren Reisen aufbricht. Des Weiteren ein beachtliches Arbeitsabteil, das üblicherweise einen persönlichen Organizer von der Größe und dem Gewicht einer vollen Schreibtischschublade enthält. Und in größere Handtaschen passen bekanntlich bequem auch kleine Fotokopierer.

Die meisten Modelle haben eine geheime Innentasche,

die geheimnisvolle persönliche Gegenstände der Frauen beherbergt, die ihrerseits mit mysteriösen und geheimen druidischen Ritualen in Verbindung stehen, die einmal monatlich stattzufinden scheinen. Wie tief auch immer diese fremdartigen persönlichen Gegenstände in der Handtasche versenkt wurden, sobald am Anfang einer wichtigen Sitzung der Organizer hervorgekramt wird, kullern oder fallen sie heraus und landen mitten auf dem Tisch.

Frauen sind, ganz besonders auf Auslandsreisen, immer äußerst wachsam in Bezug auf Handtaschendiebe und halten ihre Taschen vernünftigerweise mit beiden Händen fest an den Körper gepresst, dabei wie bei einem Fallschirmgurt den Riemen zweimal um den Körper und zwischen ihren Beinen hindurch geschlungen. Männer sollten sich davor hüten, die Handtasche einer Frau zu berühren oder sich an ihr zu schaffen zu machen, da dies einem sexuellen Übergriff gleichkommt.

Jede Frau führt in ihrer Handtasche irgendetwas Sonderbares mit sich, das, sollte sie plötzlich bei einem Vulkanausbruch verschüttet werden, in tausend Jahren bei Archäologen zu endlosen Spekulationen und Debatten führen wird. Zu diesen Gegenständen gehören Petroleumkocher, Sägeblätter, Volants, Hockeybälle, rote Herrenunterhosen mit Eingriff und Tankdeckel. Sobald eine Handtasche einmal vollständig geleert wird, stirbt sie interessanterweise.

Aktentaschen

In der Geschäftswelt gilt als Gipfel der Geschmacklosigkeit, etwas Geschäftliches in seiner Aktentasche zu haben. Sie sind vielmehr dazu da, am Feierabend Bestände aus dem Materialschrank nach Hause zu befördern. Nur Wartungstechniker für Fotokopierer tragen ihr Handwerkszeug im Aktenkoffer mit sich herum – fünfzehn verschiedene Schraubenzieher, die aktuelle Boulevardzeitung sowie eine Liste exotischer, weitentfernter Orte, von woher das entscheidende Ersatzteil in einer mehrmonatigen Schiffspassage besorgt werden muss.

Bei Aktentaschen zählt die Größe, und erstaunlicherweise ist hier kleiner einmal besser. Echte Topmanager haben so schmale Taschen, dass Sandwichs nur hineinpassen, wenn es sich dabei um gleichmäßig mit Schmelzkäse bestrichene dünne Weißbrotscheiben handelt. Eine Aktentasche größer als A2 ist eine Künstlermappe und birgt das Risiko, dass man Sie für einen Werbekundenbetreuer hält, was in der Geschäftswelt gleichbedeutend ist mit einem Körperpflegeproblem.

Manche Aktentaschen verfügen über dehnbare Ziehharmonikafächer für Pyjamas, PCs und Overheadprojektoren. Denken Sie daran, sie nach Auslandsreisen immer auszuräumen, andernfalls wird daraus während einer entscheidenden Präsentation beim Öffnen das Nachthemd Ihrer Frau auf den Tisch des Sitzungszimmers hervorquellen. Beziehungsweise lassen Sie Ihre Frau ihr Nachthemd auf Geschäftsreisen gar nicht erst mitnehmen.

Aktentaschen mit Zahlenschlössern widerstehen den meisten Öffnungsversuchen, insbesondere durch jene, denen sie gehören. Wenn Sie bei der Ankunft auf dem Flughafen von einem kolumbianischen Zollbeamten genötigt werden, Ihre Aktentasche zu öffnen, ist es tröstlich zu wissen, dass die Wahrscheinlichkeit, sich unter Druck an die Zahlenkombination zu erinnern, ungefähr so groß ist, wie den seit fünf Wochen angewachsenen Jackpot zu knacken.

Da es im Geschäftsleben heutzutage zwangloser zugeht, nehmen manche Leute ihre Unterlagen in Schultertaschen oder Rucksäcken mit zur Arbeit. Lassen Sie sich gesagt sein, dass es in gewissen Branchen zwangloser zugeht als in anderen. Sollten Sie etwa erfolgreicher Investmentbanker sein, werden Sie es nicht weit bringen, wenn Sie in Sitzungen mit Ihren Unterlagen in einer Superhelden-Umhängetasche auflaufen.

Frisuren

Alles, was man über Menschen im Geschäftsleben wissen muss, verrät einem ihre Frisur. Bei Frauen gilt die Faustregel: üppige Frisur, üppige Geschäfte. Bei Männern verhält es sich umgekehrt: Je weniger sie zum Kämmen auf dem Kopf haben, desto mehr haben sie zum Ausgeben in der Brieftasche.

Es wird allgemein anerkannt, dass kahlköpfige Männer großartige Geschäftsleute sind, sagenhaft witzig und äußerst viril. Diese Anerkennung muss auch sein, weil ansonsten kein Mann mit Glatze je das Selbstbewusstsein hätte, überhaupt zur Arbeit zu gehen. Männer mit geschorenen Schädeln sind geringfügig anders geartet. Entweder sind sie im Designbereich tätig oder fanatische Mitglieder des örtlichen Schießvereins. Nur sehr selten sind sie beides. Herausfinden können Sie das allerdings nur, indem Sie ihr kreatives Konzept kritisieren und daraufhin erschossen werden.

In jedem Büro gibt es immer eine Person, die sich einer Transplantation von Achselhaaren auf den Kopf unterzogen hat. Sie tat das, um ihr Selbstbewusstsein wiederzuerlangen, und es muss funktionieren, denn wer hat schon den Mut, mit einer Frisur herumzulaufen, die aussieht, als habe eine Rennmaus auf seinem Kopf eine Bruchlandung hingelegt?

Berufstätige Frauen haben mitunter etwas, das sie Bad-Hair-Day nennen. Für einen Mann wirkt ihre Frisur zwar unverändert, doch die betroffene Frau fühlt sich, als hätte sie fünf Minuten lang unter einem Miststreuer gestanden. An solchen Tagen stecken sich Frauen ihr Haar manchmal hoch. Nehmen Sie das nicht zum Anlass, ihnen zu erklären, ihr Nacken sei schmutzig. Hin und wieder haben Frauen aber auch einen Good-Hair-Day. Das merken Sie daran, dass sie ihre schimmernden Haare anmutig und in Zeitlupe durch die Hände gleiten lassen. Männer haben nur zweimal im Jahr einen Bad-Hair-Day: wenn sie sich die Haare schneiden lassen.

Gesichtsbehaarung und Geschäftsleben passen nicht zusammen. In Letzterem zählt ein ehrliches Gesicht, und kein Schnauzer wirkt auch nur annähernd ehrlich. Zwar gibt es einige wenige Beispiele für geschäftlich erfolgreiche Bartträger, doch so ordentlich sie ihre Sache auch machen, es ist ihnen unmöglich, den Verdacht abzuschütteln, dass in ihrem Kleiderschrank Sandalen lauern. Außerdem steht immer zu befürchten, dass irgendwo in ihrem Bart ein Klecks Ei hängt.

Alle Arten von Gesichtshaaren müssen gestutzt werden. Man kann einfach nicht ernsthaft mit jemandem verhandeln, dem Haare wie Pflanzenwurzeln aus der Nase sprießen. Desgleichen sind klar konturierte, bogenförmige Augenbrauen geeignet, Interesse an den Äußerungen anderer zu signalisieren, allerdings muss man sie unter Kontrolle halten. Wenn Sie mit Ihren Augenbrauen eine Drehtür in Bewegung setzen könnten, sind sie wahrscheinlich zu lang.

Die Rasur ist für den berufstätigen Mann eine tägliche Übung, um sich darauf vorzubereiten, bei der Arbeit andern um den Bart zu gehen, im Konkurrenzkampf auf Messers Schneide zu stehen und unblutig zum Ziel zu kommen. Unansehnliche Stoppeln sind keine Alternative, es sei denn, Sie sind enorm erfolgreich und scheren sich einen Dreck darum, oder Sie sind enorm erfolglos und scheren sich einen Dreck darum. Frauen rücken ihren Stoppeln mit den gleichen Mitteln zu Leibe wie Bauern – mit Abfackeln, Umsensen, Unterpflügen und dem Einsatz aller möglichen gefährlichen Entlaubungsmittel. Der einzige Unterschied ist, dass Bauern anschließend Wintergerste anpflanzen, Frauen nicht.

12 Erfolgreiche Verständigung

Kommunikation

Was uns von Tieren unterscheidet, ist der Gebrauch von Sprache. Ein Schwarm aus einer Million Fische wäre nicht imstande, die Worte *Romeo und Julia* zu formen, dafür können sie von einem Augenblick zum anderen wie ein Mann die Richtung wechseln. Ein menschlicher Teamleiter kann hingegen durch den Gebrauch von Sprache einer Gruppe von sechs Personen eine Anordnung geben und sechs verschiedene Auslegungen davon bekommen. Sprache hat die Verständigung unter Büroangestellten annähernd unmöglich gemacht.

Es gibt dabei zwei Grundprobleme. Erstens: sprechen. Manche Menschen denken, bevor sie reden. Sie sind so selten, dass sie häufig mit Propheten oder Erlösern verwechselt werden. Andere Leute denken, während sie sprechen, wissen also nicht ganz genau, was sie meinen, bevor es gesagt ist. Wieder andere reden einfach drauflos und verursachen bei der Suche nach einem Gedanken Geräusche. Ihnen hört man nicht wirklich zu, sie bilden einfach ein Hintergrundrauschen wie Fernsehen. Dann gibt es noch Menschen, die denken, aber nicht reden, doch die sind so rar gesät, dass sie mit den Menschen, die weder denken noch reden, in einen Topf geworfen werden.

Das Problem des Sprechens wird durch ein zweites Problem verstärkt: zuhören. Grundsätzlich wartet jemand, der den Eindruck vermittelt, Ihnen zuzuhören, in Wahrheit einfach darauf, dass Sie aufhören zu reden. Während des Wartens überlegt derjenige, was er sagen will. Wer wirklich zuhört, tut das nur so lange, bis Sie irgendetwas sagen, was ihn auf einen eigenen Gedanken bringt, und dann werden Sie zu Hintergrundrauschen. Etwas zu jemand anderem zu sagen ist wie Stöckchenwerfen bei Hunden. Sobald Sie den Stock geworfen haben, sind sie weg – niemand braucht schließlich eine Begründung dafür, warum Sie ihn überhaupt geworfen haben.

Manche Menschen ziehen beim Zuhören eine Riesenshow ab und legen dabei den Kopf besorgniserregend schief. Gewöhnlich achten sie dabei eher auf etwas, das ihre eigenen Überlegungen bestätigt als auf Ihre Gedankengänge. Aus diesem Grund sind die meisten Unterhaltungen in Wahrheit nichts anderes als zwei erstklassig aufeinander abgestimmte Monologe.

Echtes Zuhören erfolgt aktiv, nicht passiv. Indem Sie Menschen dazu anstiften und ermutigen, weiter ins Detail zu gehen, und ihnen generell signalisieren, sie genauestens verstanden zu haben, können Sie einer Person beträchtlich viele Informationen entlocken, ohne auch nur einen einzigen eigenen Gedanken preiszugeben. Der Betreffende wird später glauben, Sie seien ein unglaublich interessanter Gleichgesinnter.

In Anbetracht des doppelten Dilemmas, dass Menschen nicht nachdenken, bevor sie reden, und ohnehin nicht zuhören, muss man sich nicht wundern, dass Kommunikation unser Hauptproblem ist. Wenn im Geschäftsleben etwas schiefläuft, wird schnell deutlich, dass jeder denkt, alles richtig gemacht zu haben und der Fehler genau genommen in der Verständigung gelegen habe. Das Großartige an Kommunikation ist aber natürlich, dass sie keine Schuldzuweisungen erlaubt, da jeder entweder das Richtige gemeint oder verstanden hat.

Firmenphilosophie

Firmenphilosophien sind das Pendant zu Weihnachtswunschzetteln. Heruntergekocht, bleibt von den entsprechenden Leitsätzen der fünfzig führenden Unternehmen ein Schmalzklumpen übrig, der sich liest wie folgt: «Wir verpflichten uns, in unserer Branche weltweit führend zu werden. Das erreichen wir, indem wir unsere Kunden durch die Erstklassigkeit unserer Produkte und Dienstleistungen zufriedenstellen. Unsere Mitarbeiter sind unser größtes Kapital, und wir sind verpflichtet, sie auszubilden und zu schulen. Wir respektieren die Umwelt und achten bei allem, was wir tun, auf Sicherheit und Gesundheit.»

Gemeint ist damit: «Wir müssen sicherstellen, dass unsere Kunden genügend unserer Produkte kaufen, um die Aktionäre bei Laune zu halten. Wir wertschätzen unsere Mitarbeiter, soweit sie uns nutzen und sich an Sicherheits-, Gesundheits- und Umweltauflagen halten.»

Wenn Firmenphilosophien tatsächlich inspirierend sein wollten, müssten sie eher so formuliert sein: «Wir bieten aus drei Gründen einen phantastischen Arbeitsplatz: Erstens werden wir allesamt haufenweise Geld scheffeln, weil unsere Kunden von unseren Produkten nicht genug bekommen können; zweitens werden wir ein Arbeitsumfeld schaffen, in dem es zugeht wie zu Hause, nur ohne die Kinder; drittens werden wir der Konkurrenz den Arsch aufreißen und sie abhängen wie nichts.»

Statt Leitsätzen brauchen Firmen konkrete Ziele wie: «Wir werden binnen vier Jahren ein Elektroauto auf den Markt bringen; eine legale bewusstseinserweiternde Droge in drei Jahren; und wir werden das Rentensystem neu erfinden.» Unrealistisch? Dann versuchen Sie es doch mal mit dem Kennedy-Leitsatz: «Wir werden vor Ablauf des Jahrzehnts einen Mann auf den Mond gebracht haben.»

Stellen Sie sich nur einmal vor, wie die Zehn Gebote klängen, hätte man sie im Stil von Firmenleitsätzen formuliert: «Wir sind der Langlebigkeit unserer Mitarbeiter und dem Erhalt ihrer Besitztümer verpflichtet. Eltern werden sich geachtet fühlen, und es wird eine Kultur der Offenheit und Aufrichtigkeit herrschen, in der einer den anderen liebt. Ochsen etc. werden respektiert.» Das hört sich so weit ganz schön und gut an und keineswegs so, als könnte man irgendein Problem damit haben. Doch sobald es um knallharte Vorschriften geht, bedeutet es plötzlich eine Herausforderung: «Du sollst nicht töten; du sollst nicht stehlen; du sollst Vater und Mutter ehren.»

Aus diesem Grund sollten Firmenleitsätze in Gebotsform verfasst sein, damit jeder genau weiß, woran er ist. «Du sollst deine Zielvorgaben erreichen; du sollst allezeit die interne Kommunikation beachten; du sollst Risiken eingehen und kreativ denken; du sollst dein Team motivieren und führen.» Und wer's nicht bringt, kommt natürlich direkt in die Hölle. Beachten Sie bitte: Wenn Sie all das nicht schon tun, fährt Ihr Betrieb vermutlich ohnehin bereits zur Hölle. In diesem Fall können Sie sich immer aufmuntern, indem Sie Ihre Firmenphilosophie durchlesen.

Telefonate tätigen

Geschäfte werden heutzutage zunehmend übers Telefon abgewickelt. Das heißt, dem wäre so, wenn jemals irgendwer dranginge. Tatsächlich gibt es gerade in Marketingabteilungen gewisse Leute, die seit über hundert Jahren ständig Telefontennis spielen. Sehr häufig sind dabei diejenigen, die die erste Nachricht hinterlassen haben, inzwischen nicht mehr bei der Firma oder tot und begraben.

In der Regel werden Anrufe deshalb nicht angenommen, weil die Leute ständig «Sitzungen» haben, was alles bedeuten kann, von der entscheidenden Übernahme durch das eigene Management bis hin zum Rumschnüffeln im Materialschrank. Sollte die Person, die Sie sprechen wollen, in einer «Sitzung» sein, fragen Sie nach, ob es sich um eine «interne Sitzung» handelt. Falls ja, beinhaltet das automatisch, dass diese Sitzung wieder jede Menge Zeit und Geld verschwendet und unverzüglich abgebrochen werden sollte, da Sie schließlich den gesamten Betrieb voranbringen müssen.

Vermeiden Sie unbedingt Meldeformeln, die länger als ein Atemzug sind, wie: «Guten Morgen, Smokehouse, Agentur für innerbetriebliche IT-Anwendungen und Kommunikationssysteme, Angela Bitter, mit wem darf ich Sie verbinden?» Bis Sie all das gesagt haben, klingen Sie, als brauchten Sie eine Verschnaufpause. Eine viel bessere Methode ist es, den Anrufer so zu behandeln, als wären Sie mit ihm verheiratet. Wenn das Telefon läutet, melden Sie sich also mit «Ja, Schatz?».

Wenn Sie bei einem großen Unternehmen anrufen, wird man Ihnen als Erstes erklären, dass Ihr Anruf zu Ihrer eigenen Sicherheit aufgezeichnet werde. Anschließend und nachdem man Sie endlich zu einem menschlichen Wesen durchgestellt hat, erklären Sie dieser Person, dass Sie das Gespräch für Trainingszwecke ebenfalls aufzeichnen. Das wird sie auf Zack halten oder annehmen lassen, Sie hätten noch nie zuvor ein Telefon bedient, weshalb sie sehr geduldig sein wird.

Topgeschäftsleute warten nicht. Nur kleine, unbedeutende Leute bleiben in der Leitung. Wenn jemand sagt: «Können

Sie mal eine Sekunde dranbleiben, bin gleich wieder da», legen Sie einfach auf und lassen den anderen zurückrufen. Dann bitten Sie ihn, eine Sekunde dranzubleiben, während Sie Tee kochen oder sich einem anderen geschäftlichen Problem widmen. Warten Sie niemals in einer Warteschleife. Es gibt nämlich gar keine. Sondern nur Sie, der darauf wartet, dass in einem schallgeschützten Schrank ein Apparat klingelt, der schon vor Jahren allgemeiner Vergessenheit anheimgefallen ist (so kommt es Ihnen zumindest vor).

Andererseits ist alles Dranbleiben und Warten immer noch besser, als eine schriftliche Nachricht hinterlassen zu müssen. Ihr Gesprächspartner wird unweigerlich so klingen, als hätte er gerade Klebstoff geschnüffelt, und Sie wissen genau, dass die Weiterleitung Ihrer Nachricht ungefähr so wahrscheinlich ist wie Kontakt zu Außerirdischen – vor allem wenn Sie gerade sämtliche Einzelheiten genauestens buchstabiert haben und der Gesprächspartner erklärt: «Bleiben Sie dran, ich hol mir lieber mal was zum Schreiben.»

An einer Konferenzschaltung sollten Sie sich nur beteiligen, wenn alle anderen Teilnehmer irgendwo in der Provinz, Belgien, Falludscha oder sonst wo sitzen, wo Sie keinesfalls sein wollten. Akzeptieren Sie niemals Konferenzschaltungen mit Barbados oder den Seychellen. Es ist viel effizienter und produktiver, selbst dorthin zu fahren. Merken Sie sich außerdem, dass bei Konferenzschaltungen immer drei Leute am anderen Ende hocken, die nie etwas sagen und damit beschäftigt sind, obszöne Gesten zu machen, sobald Sie sprechen.

Telefonmanieren sind von großer Bedeutung, und es gibt nichts Ärgerlicheres als Leute, die ohne Verabschiedung einfach auflegen, als arbeiteten sie in irgendeiner hektischen New Yorker Nachrichtenredaktion. Der Trick bei solchen supergeschäftigen Leuten ist, sofort nachdem sie aufgelegt haben, zurückzurufen und zu sagen: «Ich glaube, wir wurden getrennt. Was haben Sie zuletzt gesagt?» Und dann den Hörer wegzulegen.

Telefonate annehmen

Im Büro einen Anruf entgegenzunehmen heißt in der Regel, einen Kunden oder Ihren Chef dranzuhaben. Da keiner von diesen beiden anrufen würde, ohne etwas zu wollen, bedeutet Abheben wahrscheinlich Arbeit. Regel Nummer eins lautet daher, niemals ans Telefon zu gehen, es sei denn, Sie wissen, dass es sich um einen privaten Anruf handelt. Da Sie jedoch nie sicher sein können, ob ein eingehender Anruf privat ist oder nicht, tätigen Sie am besten vorsorglich Ihrerseits viele Privattelefonate nach draußen.

Führungskräfte regen sich über nicht angenommene Anrufe immer furchtbar auf und behaupten, das es jemand mit einem millionenschweren Auftrag hätte sein können. Sie wissen natürlich, dass das sehr unwahrscheinlich ist, schließlich hatten Sie erst kürzlich jemanden am Apparat, der einen millionenschweren Auftrag zu vergeben hatte und zu dem Sie derart unhöflich waren, dass er auflegte. Manager versuchen gelegentlich, die Anrufannahme durch die Einführung von Richtlinien zu verbessern, wonach ein Telefon bis zum fünften Klingeln abgehoben werden soll. Glücklicherweise sagen diese Richtlinien nichts darüber, den Hörer nach dem Abheben nicht augenblicklich wieder aufzulegen.

Mehr als ein Telefon auf dem Schreibtisch zu haben war einmal ein Symbol für enorme Wichtigkeit. Ja, je mehr Ihr Schreibtisch der örtlichen Telefonvermittlung glich, desto bedeutsamer waren Sie. Jetzt nicht mehr. Wenn Sie heutzutage wirklich wichtig sind, ist ein klingelndes Telefon auf Ihrem Schreibtisch etwa so wahrscheinlich, als ob eine Möwe darauf landete. Stattdessen verfügen Sie über Teams, die Sie vor Anrufen abschirmen und jeden, der einen Grund zur Klage hat, an den Kundendienst durchstellen, wo er zu Tode betreut wird.

Denn inzwischen wird das Geschäftsleben durch Hotlines revolutioniert. Dort geraten Sie an Leute, die wie aufgekratzte, sprechende Elektrowaagen klingen. Ein Grund für diese Aufgekratztheit sind die Computer, die sie dort vor sich haben und in denen Ihre sämtlichen persönlichen Daten gespeichert sind. Ihre Postleitzahl reicht, und schon kann man Ihnen Ihre innere Beinlänge nennen sowie Ihren exakten Verdienst. Sie Ihrerseits können nun ein Flugticket oder einen Pulli bestellen oder sogar eine Hypothek aufnehmen, im sicheren Bewusstsein, dass Sie, sollten Sie mit irgendwas davon nicht zufrieden sein, einfach wieder anrufen können und eineinhalb Wochen lang ein Besetztzeichen kriegen.

Rund ums Telefonieren existieren eine ganze Reihe Sicherheitsmaßnahmen, wozu in der Regel auch persönliche Fragen gehören. Die beliebteste lautet: «Wie ist der Mädchenname Ihrer Mutter?» Mit steigender Zahl unverheirateter Mütter wird sich das allerdings ziemlich bald ändern, vielleicht zu etwas wie: «Haben Sie irgendeine Ahnung, wer Ihr Vater ist?» Wenn man anfängt, Ihnen Fragen zu stellen wie: «Tragen Sie Stöckelschuhe im Bett?», ist das Sicherheitsprozedere wahrscheinlich abgeschlossen und das Telefonpersonal zu Selbstbelohnungsmaßnahmen übergegangen.

Das Ärgerlichste bei Telefonbestellungen ist, dass alles, was man sagt, wiederholt wird. Nachdem Sie mitgeteilt haben, Sie hießen Smith, lautete die Antwort: «Also Samuel Martha Ida Theodor Heinrich», als sprächen Sie mit einem Flugkontrollzentrum. Alles, was Sie tun können, ist, davon abzusehen zu kontern: «Ich kann es nicht mehr halten! Der Steuerbordmotor brennt!» Und bevor diese Serviceleute auflegen, fragen sie immer, ob sie Ihre Daten «an andere sorgfältig ausgesuchte Dienstleister, die interessant für Sie sein könnten», weitergeben dürften. Die korrekte Antwort hier lautet: «Nordpol – Ökonom.»

Handys

Das Fabelhafte an Handys ist, dass man sie wo und wobei auch immer ausgeschaltet lassen kann, damit einen niemand behelligt. Wenn Sie eins haben, können Sie praktisch von überall aus telefonieren. Zum Beispiel am späten Vormittag von unter Ihrer Bettdecke ins Büro, jedenfalls so lange Ihr Partner realistische Tankstellengeräusche nachmachen kann.

Es gibt zwei Orte, an denen jeder Sie automatisch hasst, wenn Ihr Handy klingelt: im Restaurant und auf Beerdigungen. In beiden Fällen ist es am besten, so zu tun, als sei der Anruf so lebenswichtig, dass Sie ihn einfach entgegennehmen mussten. Sagen Sie so etwas wie: «Hallo, Mama, ist Papa von der Intensivstation runter?» Das funktioniert natürlich nicht so gut, wenn Sie sich gerade auf der Beerdigung Ihres Vaters befinden.

Blackberrys und andere, weniger cool klingende elektronische Organizer sind im Geschäftsleben sehr verbreitet, weil sie das ewige Problem gelöst haben, wie man mit einer wichtigen Aufgabe vorankommt, wenn man gerade in einer vollkommen unwichtigen Sitzung festhängt. Sollte es sich jedoch um eine von Ihnen einberufene Sitzung handeln, werden Sie diese vermutlich durchaus für wichtig erachten. Halten Sie für diesen Fall folgenden Text bereit, den Sie an alle Anwesenden schicken: «Ausschalten und aufpassen.»

Früher wusste man genau, wann sein Telefon klingelte, denn man selbst saß auf der einen Seite des Schreibtischs und das Telefon stand auf der anderen. Wenn heutzutage beispielsweise im Zug ein Handy klingelt, greifen fünfundsechzig Menschen in ihre Jackentaschen / Aktenkoffer / Handtaschen. Die gute Nachricht ist, dass Sie sich aus dem Netz inzwischen individuelle Klingeltöne herunterladen können, die nur Sie selbst erkennen. Die schlechte

Nachricht ist: Wenn sich Ihr Handy mit dem Paarungsschrei eines Pottwals meldet, wird Sie jedermann für einen Volltrottel halten.

Selbstverständlich sind Handys besonders zweckmäßig für Leute, die sich viel außerhalb des Büros aufhalten wie etwa Vorgesetzte. Viele Geschäftsleute benutzen ihr Handy auch im Auto. Das ist natürlich streng verboten, es sei denn, Sie haben eine Freisprechanlage. Männer pflegen diese Vorschrift zu ignorieren, da sie daran gewöhnt sind, praktisch freihändig zu fahren, während sie mit der einen Hand die inneren Windungen ihrer Nasenlöcher ausschachten und mit der anderen an ihren Genitalien herumfummeln.

Anrufbeantworter

Mit sich selbst zu sprechen war schon immer ein sicheres Anzeichen von Wahnsinn. Wahrscheinlich kommen Sie sich auch deshalb immer ein bisschen bekloppt vor, wenn Sie jemandem auf die Mailbox oder den Anrufbeantworter sprechen müssen. Kein Wunder also, dass die Lieblingsbotschaft, die auf den Anrufbeantwortern dieser Welt hinterlassen wird, aus einem Kraftausdruck besteht, gefolgt von einem Krachen, den das Aufknallen des Hörers verursacht.

Die zweitverbreiteteste Nachricht ist: «Hab deine Nachricht bekommen. Wollte nur zurückrufen.» Damit spielt man den Ball wieder ins gegnerische Feld zurück, und Sie können guten Gewissens aufhören weiterzuspielen. Die drittbeliebteste Nachricht ist etwas wie: «Hier Paul, ruf mich an.» Sie wird grundsätzlich von Menschen aufgesprochen, deren Name so besonders und ungewöhnlich ist, dass sie es nicht für nötig halten, eine Nummer, eine Mitteilung oder sonst eine brauchbare Information zu hinterlassen.

Dann gibt es noch andere, die weniger eine Nachricht als vielmehr eine Lebensgeschichte aufsprechen. Sie schwafeln rum, und an dem Punkt, wo sie Ihnen gerade erzählen, sie hätten ihren Schlag beim Golf verbessert, endet die Aufnahmezeit, weshalb Sie die entscheidende Nachricht nicht erreicht, nämlich dass Ihr Büro in Flammen steht.

Zur Hälfte liegt die Unwilligkeit vieler Leute, auf Anrufbeantworter zu sprechen, an den unsäglichen Ansagetexten, die sie sich anhören müssen. Zu den gebräuchlichsten gehört: «Ich bin gerade nicht da.» Das ist ja nun einigermaßen offensichtlich; was das Ganze jedoch doppelt ärgerlich macht, ist die Tatsache, dass er gewöhnlich eben doch da ist und nur nicht mit einem sprechen will.

Nicht viel besser ist: «Ich bin entweder nicht an meinem Schreibtisch oder telefoniere am anderen Apparat.» Wer sich schon auf dieses Niveau überflüssiger Details begibt, könnte genauso gut sagen: «Ich bin entweder gerade außer Reichweite des Telefons, auf dem Klo oder im Sitzungszimmer beim Vögeln. Bitte hinterlassen Sie eine Nachricht, ich werde Sie zurückrufen, sobald ich meine Zigarette danach geraucht habe.» Wenn Sie solche Ansagen nerven, hinterlassen Sie einfach eine Nachricht nach dem Motto: «Ich bin auch nicht da, sparen Sie sich also den Rückruf.»

Mittlerweile ist ein Stadium erreicht, wo jemand, der tatsächlich persönlich ans Telefon geht, gezwungen ist, so etwas zu sagen wie: «Tut mir leid, ich bin im Augenblick hier, bitte sprechen Sie jetzt mit mir, damit ich Sie nicht so schnell wie möglich zurückrufen muss.»

E-Mails

E-Mailen sollte uns das papierfreie Büro bescheren, aber irgendwer hat vergessen, das den Chefs zu erklären, die ihre Sekretärinnen nach wie vor veranlassen, ihnen sämtliche Nachrichten auszudrucken und ins Eingangsfach zu legen. Dann diktieren sie eine Antwort und weisen die Sekretärinnen an, diese per E-Mail zu verschicken, nur um zu beweisen, dass sie mit dieser Technik, die sie eigentlich zur Weißglut treibt, fertig werden. Merken Sie sich: Das sind dieselben Männer, die auf der Jahreskonferenz Reden mit Titeln wie «Technologie ist unsere Zukunft» halten.

Fans des Mailens verwenden gerne kleine Abkürzungen wie nmbM, das steht für «nach meiner bescheidenen Meinung». Leider scheinen diese Leute nicht zu begreifen, dass im wirklichen Leben kein Mensch «nach meiner bescheidenen Meinung» sagt, weshalb es auch nicht abgekürzt werden muss. Außerdem verwenden sie kleine Zeichen wie zum Beispiel :-), was, wenn Sie Ihren Bildschirm seitlich kippen, wie ein lächelndes Gesicht aussieht. E-Mails von Werbeabteilungen enden gewöhnlich mit *}§ – das bedeutet: Ich liege platt auf dem Rücken, bin total bekifft, und mein Magen gibt seltsame, glucksende Geräusche von sich.

In der Poststelle zu arbeiten ist für die meisten Menschen nicht gerade ein Karriereziel. Seitdem sich die E-Mail-Flut epidemisch ausbreitet, verbringt allerdings die Mehrheit der Leute die Hälfte ihres Arbeitslebens damit, sich mit ihrer privaten Computerpoststelle herumzuschlagen. Für größere Zufriedenheit am Arbeitsplatz müssen Sie diese elektronische Poststelle verlassen und sich interessanteren Dingen zuwenden. Echte Kommunikation ist dreidimensional. Sie müssen sehen, wie Menschen auf das reagieren, was Sie sagen, das heißt, Sie müssen ihre Körpersprache sehen, den Blickkontakt zu Ihnen und wie sie in Tränen ausbrechen.

Viele E-Mails sind biologisch abbaubar. Lassen Sie sie unbeantwortet auf den Boden der Halde sinken, werden sie irgendwann irrelevant. Manchen Menschen erscheint dies als das Tollkühnste und Selbstmörderischste, was man in einem Büro überhaupt tun kann, doch wenn etwas wirklich von Bedeutung ist, wird Sie der Absender letzten Endes irgendwann darauf ansprechen. Und dann kann es zu echter Kommunikation kommen, gern in einem Prozess vor dem Arbeitsgericht gegen Sie wegen grober Fahrlässigkeit.

Einige wirklich nervige, kleinliche Leute bestehen auf einer Eingangsbestätigung ihrer E-Mail. Das sind dieselben, die darüber jammern, 500 Mails in ihrem Posteingang vorzufinden, was wenig überraschend ist, da sie zwei Drittel davon schließlich selbst erzeugt haben. Verlangen Sie keine Eingangsbestätigungen und verschicken Sie auch keine. Wenn es wirklich so wichtig ist, dass jemand irgendetwas erhält, warum nicht einfach hingehen und es ihm geben?

Am Computer zu sitzen ist ein einsames Geschäft und Mailen eine Möglichkeit, so zu tun, als befände man sich in einem sozialen Umfeld. Man kann auch flirten oder tratschen, während man vorgibt zu arbeiten. Manche Leute legen ihre Mailerei darauf an, im Gegenzug mehr Mails zurückzubekommen. Wünschen Sie ein reges Sozialleben, solange Sie am Computer sitzen, versenden Sie auf jeden Fall witzige, unterhaltsame E-Mails. Wenn Sie dagegen im richtigen Leben ein reges Sozialleben haben wollen, schalten Sie den Computer aus und klicken Sie sich durch die reale Welt.

Manche Menschen versenden Mails, um sich abzusichern. Häufig erhalten sieben oder acht Leute dieselbe Mail, nur damit jeder, der ein irgendwie denkbares Interesse daran haben könnte, informiert wird. Rufen Sie sich in Erinnerung, dass Sie in der Regel ermächtigt sind, in Ihrem Aufgabenbereich Entscheidungen von überschaubarer Tragweite zu fällen, ohne jedes Mal zig Personen um Erlaubnis bitten zu müssen. Und wenn Sie wirklich gravierende Fehler machen, helfen Ihnen ein paar BCs, um sich abzusichern, auch nicht weiter.

Es gibt ein paar goldene Regeln in Bezug auf E-Mails, die einem viel Verdruss ersparen: Versuchen Sie, so schnell wie möglich zu antworten, andernfalls lesen Sie alles zweimal; schauen Sie vor dem Versenden immer nochmal über das, was Sie geschrieben haben; in Zweifelsfällen: löschen; verwechseln Sie nie die Tasten Weiterleiten und Antworten;

verwenden Sie «An alle Empfänger» nur, wenn wirklich jede dieser Personen etwas erfahren soll; und leiten Sie niemals etwas weiter, das Sie sich nicht an die Wand hängen würden.

Faxe

Wenn man versehentlich eine Faxnummer anruft, ertönt ein leises kreischendes Geräusch. Dabei handelt es sich um das elektronische Pendant zum innerlichen Aufkreischen von jedem, der von irgendeinem Idioten angerufen wird. Gelegentlich spuckt ein Fax weiße Seiten aus, was möglicherweise auf ein Hyperventilieren des Geräts hindeutet. Allerdings kann es auch heißen, dass jemand seine Faxvorlagen falsch herum eingelegt hat oder es sich um eine Zusammenfassung der gesamten verwertbaren Arbeit Ihrer Werbeagentur in diesem Jahr handelt.

Früher waren Faxgeräte mit unsinnig dünnem Papier ausgestattet, das stark an Armeeklopapier erinnerte. (Tatsächlich ähnelten sich die Inhalte oft erschreckend.) Dieses Papier rollte sich stärker auf als ein Beduinenpantoffel und kam in einer langen Schlange heraus, welche die Hälfte der Bürobelegschaft festhalten musste, bevor man etwas lesen konnte. Dieser Irrsinn wurde schon bald durch das Normalpapierfax ersetzt, das gewöhnliche DIN-A4-Seiten ausspuckt, die nur sechs- bis siebenmal teurer sind.

Auf den meisten Faxen steht an prominenter Stelle DRIN-

GEND, was bedeutet, dass Sie dieses Fax unverzüglich und schleunigst nehmen und es schnell und vordringlich auf den dicken Stapel mit all den anderen dringenden Faxen legen müssen. Weiter unten befindet sich häufig die kleine Warnung: «Nur für den Empfänger bestimmt». Sollten Sie also auch nur einen winzigen Blick auf den Inhalt werfen, müssen sie damit rechnen, dass Ihnen eine bewaffnete Einheit des Betrugsdezernats eine Stippvisite abstattet. Wenn Sie sich um Vertraulichkeit sorgen und befürchten, dass andere Leute Ihr Fax lesen könnten, schreiben Sie groß und deutlich auf die zweite Seite: «Das geht Sie nichts an».

Denken Sie daran, dass am Seitenkopf häufig der Absender steht. Wenn Sie also Ihren Lebenslauf an ein Spitzenunternehmen faxen, macht es nicht sonderlich viel Eindruck, wenn Sie ihn von Ihrer Lieblingspizzeria aus verschicken. Müllfaxe kommen während der Nacht und machen Werbung für Theaterstücke, die bald vom Spielplan genommen werden. Die perfidesten Müllfaxe sind solche, die für billiges Faxpapier werben, denn wenn es die nicht gäbe, müssten Sie nicht alle fünf Minuten Papier nachfüllen.

Es gibt immer noch Menschen, die Ihnen etwas als Fax und danach zusätzlich per Post schicken. Das sind dieselben, die etwas auf dem Taschenrechner ausrechnen und anschließend einen Abakus auspacken, um doppelt abzusichern, dass alles stimmt. Faxen Sie ihnen einfach eine Kopie ihrer Postsendung, um den Erhalt zu bestätigen, und bitten Sie per Post um eine Eingangsbestätigung Ihres Faxes.

Klatsch

Viele Firmen vertreten allen Ernstes die Auffassung, interne Kommunikation sei enorm wichtig. Darunter verstehen sie den Prozess, in dem der Chef allen sagt, was gerade ansteht, und es anschließend ein Feedback gibt, in dem alle ihrerseits dem Chef erklären, was tatsächlich abläuft. Manchmal gibt es noch eine dritte Phase, in welcher der Chef alle feuert, die an dem Feedback beteiligt waren.

Selbstverständlich verfügt jedes Unternehmen in der Welt über ein einzigartiges internes Kommunikationssystem: Man nennt es Tratsch. Es kostet einen multinationalen Konzern fünf Jahre und eine Menge sündhaft teurer, spitzfindiger Berater, um jedem im Unternehmen eine neue Vision zu verklickern. Wenn dagegen der Vorstandsvorsitzende in Frauenkleidern im Wandschrank erwischt wird, dringt die Kunde davon in den letzten Winkel des Unternehmens, noch bevor Sie sagen können: «Das bleibt unter uns, ja?»

Tratsch ist eine hochkomplizierte Technik und Form der Kommunikation. Seine jeweiligen Inhalte unterliegen einer strengen hierarchischen Ordnung. Enthüllungen sexueller Natur haben stets eine höhere Priorität als jede geschäftliche Nachricht. Sehr spannend sind auch neue Kollegen. Die schärfste Neuigkeit ist natürlich, wenn sich beides kombinieren lässt, etwa nach dem Motto: «Anita hat mit sämtlichen Bewerbern auf den Job als IT-Chef geschlafen, und sie haben alle nächste Woche nochmal ein Bewerbungsgespräch.»

Der Beweis für guten Klatsch ist die erste Reaktion darauf: «Nein!!!» Er kann auch nicht warten, und es müssen unverzüglich Treffen organisiert werden, um ihn zu verbreiten. Man schätzt, dass es in der Hälfte aller Bewertungsgespräche, Datenauswertungen und Planungsrunden auf Topebene um nichts anderes geht als einen ordentlichen Tratsch. E-Mails eignen sich hervorragend zum Klatschen, werden aber nie das Herziehen über andere von Angesicht zu Angesicht ersetzen. Und zwar weil es fast unmöglich ist, etwas anzudeuten oder zu unterstellen, wenn man es tippen muss und außerdem die Gefahr besteht, es versehentlich an die betroffene Person zu senden.

Konferenzen

Konferenzen sind das geschäftliche Pendant zum Pizzaessengehen: Jeder hält sie für eine tolle Idee, doch dann laufen sie immer darauf hinaus, dass man zu viel trinkt, Blödsinn redet und sich noch tagelang danach mies fühlt. Eine der Ursachen dieser Übelkeit sind die Konferenzthemen. Bei über neunzig Prozent lauten sie nämlich «Simply the Best» oder «Voll auf Sieg». Hätten Konferenzthemen auch nur den geringsten Realitätsbezug, müsste mindestens ein Drittel von ihnen den Punkt «Wir stecken voll in der Scheiße» behandeln.

Die besten Konferenzen von allen sind Verkaufskonferenzen. Dafür werden aus den landesweiten Autobahnraststätten die Vertreter einberufen und zu einer Achterbahnfahrt der Gefühle versammelt, wie sie mit der Markteinführung eines neuen Toilettenreinigers eben einhergeht. Viele dieser Konferenzen erfordern eine Übernachtung im ortsansässigen Hotel, wo es selbstredend zu wilden Zimmerpartys bei Leuten kommt, die ebenso geschockt wie empört wären, wenn ihre halbwüchsigen Kinder in ihrer Abwesenheit das Gleiche täten.

Die größte Angst von Geschäftsleuten ist es, auf einer Konferenz einen Vortrag halten zu müssen. Das hat einige gute Gründe. Der erste gute Grund ist, dass Sie prinzipiell absolut nichts zu sagen haben, was von Interesse wäre. Der zweite, ebenso gute Grund ist, dass niemand im Auditorium auch nur das geringste Interesse an irgendetwas hat, das Sie zu sagen hätten, selbst wenn es von Interesse wäre, was aber ja nicht der Fall ist. Als Chef der IT-Abteilung sind Sie beispielsweise dafür zuständig, dass alles läuft. Tut es das, weiß man es bereits, und wenn nicht, hat niemand Lust, sich Ihre jämmerlichen Ausreden anzuhören.

Auch die Qualität der Vortragenden schwankt auf Konferenzen erheblich. So gibt es einige, gewöhnlich aus der IT-Abteilung, die ihre Zuhörerschaft ungefähr bei dem Satz «Guten Morgen, meine Damen und Herren» verlieren. Sollten Sie bei einem solchen Vortrag zufälligerweise einmal wach sein, achten Sie auf die Wendung «im Ernst». Denn dies ist Ihr einziger Hinweis darauf, dass ein Witzversuch unternommen wurde. Der Redebeitrag des Geschäftsführers ist häufig ein Höhepunkt der Konferenz, insofern sich danach alles rapide verschlechtert. Geschäftsführer sprechen üblicherweise darüber, dass intelligenter, nicht härter gearbeitet werden müsse – eine phänomenale Zeitverschwendung, schließlich weiß das gesamte Auditorium, dass, wenn es intelligenter arbeiten könnte, es mit Sicherheit nicht in seinen gegenwärtigen Jobs tätig wäre.

Konferenzbeiträge

Zur Vorbereitung eines Vortrags skizzieren Sie auf einem Blatt Papier, was Sie sagen wollen. Danach machen Sie sich ein Konzept, wie Sie Ihre Botschaft übermitteln wollen. Anschließend werfen Sie das Papier weg und schreiben alle Witze auf, an die Sie sich erinnern können. Humor ist ein sehr nützliches Mittel, um eine Verbindung zum Auditorium herzustellen, und was wäre geeigneter, um einen großangelegten Entlassungsplan anzukündigen, als ein paar dreckige Witze?

Ein Redebeitrag sollte ungefähr so lange dauern, wie ein Manager der mittleren Ebene zum Vögeln braucht. Demnach sollten drei Stichpunkte genügen, gefolgt von sieben Seiten enggedruckter Rechtfertigungen. In längeren Präsentationen sind audiovisuelle Hilfsmittel ein Muss. Wirklich großartige Redner beginnen mit einem Witz, gehen direkt zu einer halbstündigen Vorführung vollkommen willkürlicher Sportvideos über und schließen mit Hinweisen, wie man zur Bar kommt.

Sprechen Sie niemals an einem Rednerpult, das größer ist als Sie, andernfalls wird man sich an Sie auf ewig als das «rätselhafte sprechende Pult» erinnern. Achten Sie auch darauf, eine originelle Replik auf Zwischenrufe wie «Sie sind gefeuert» parat zu haben. Redebeiträge werden geschrieben, um gehört, nicht um gelesen zu werden, bauen Sie also durchaus umgangssprachliche Wendungen ein wie «Aufwachen, ihr Blödmänner». Und beherzigen Sie die goldene Regel des Redenhaltens: Sagen Sie Ihrem Publikum, was Sie sagen werden, sagen Sie es, und rennen Sie dann von der Bühne zu einem wartenden Wagen.

Sollte Ihnen ein großes Publikum Kopfzerbrechen bereiten, können Sie sich damit trösten, dass sie es gar nicht sehen werden, da Ihnen auf der Bühne Scheinwerfer Löcher in die Netzhäute brennen werden. Der einzige Bereich auf der Bühne, auf den kein wie auch immer gearteter Lichtstrahl fällt, sind Ihre Notizen, die in völliger Finsternis auf dem Rednerpult liegen. Ungefähr jetzt werden Sie auch bemerken, dass Sie die Lesebrille in Ihrem Aktenkoffer vergessen haben. Nachdem Sie diesen Vortrag acht Wochen lang vorbereitet haben, müssen Sie nun auf Basis Ihrer wenigen Notizen, die Sie überhaupt erkennen können, fünfundvierzig Minuten lang improvisieren.

Sobald Sie die Bühne betreten haben, können Sie fest damit rechnen, dass technische Störungen auftreten. Als Erstes funktionieren Ihre Grafiken nicht. Wenn Sie auf eine Taste drücken, werden Sie versehentlich die falsche erwischen und das gesamte Programm beenden. Erledigt ein Profi das für Sie, wird er die falsche Grafik zum falschen Zeitpunkt zeigen und nur so zum Jux ein paar weitere überspringen. Mit ein bisschen Glück fällt in diesem Moment das Licht aus und geht erst wieder an, wenn Sie gerade mit den Armen rudernd auf Zehenspitzen von der Bühne schleichen.

Natürlich kann die Technik auch einwandfrei funktionieren. Dann ist es allein an Ihnen, die Präsentation zu vermasseln. Der Anfang ist entscheidend, deshalb werden Sie bei den ersten paar Worten unweigerlich husten. Sollte Ihnen allerdings noch nicht einmal die Begrüßung ohne einen spastischen Hustenanfall gelingen, ist es sehr unwahrscheinlich, dass Sie die ganze Stunde hindurch umwerfend und fesselnd rüberkommen werden. Denken Sie daran, dass Ihnen während einer Präsentation die Stimme jederzeit versagen kann. Wenn Sie einen Witz machen, wird sie sich in der Regel unmittelbar vor der Pointe verabschieden.

Bei Nervosität ist es eine gute Idee, sich mit beiden Händen am Pult festzuhalten, allerdings nicht zu fest, da es sich nur um provisorische Aufbauten handelt, die häufig unter einem zusammenbrechen. Echt Mutige können das Pult ignorieren und Unbefangenheit heucheln, indem sie auf der Bühne auf und ab wandeln. Seien Sie sich nur bewusst, dass Sie damit genau genommen ins völlig Ungewisse geraten: Ihr Mikro wird Ihnen mehr Rückkopplung geben als die Bewertungsgespräche eines ganzen Jahres, und sobald Sie an dem Punkt auf der Bühne angelangt sind, der von Ihren Notizen am weitesten entfernt ist, werden Sie Ihren Namen, Ihren Job und alles, wozu Sie jemals irgendetwas sagen wollten, vergessen haben.

Denken Sie auch daran, dass das einzige Mittel, sein

Auditorium davor zu bewahren, in ein dauerhaftes Wachkoma abzugleiten, die Aussicht auf Kaffee ist. Es spielt keine Rolle, ob Sie den ersten Redebeitrag des Tages halten oder erst seit drei Minuten sprechen: Kein Mensch wird sich beschweren, wenn Sie es schaffen, die Worte herauszupressen: «So viel von meiner Seite, machen wir eine Kaffeepause.»

13 Marketing, Umsätze und Berater

Marketing

Ein ungeschriebenes Marketinggesetz lautet: «Auch wenn's nicht kaputt ist, reparier's trotzdem.» Aus diesem Grund werden Sie eines schönen Tages auf der Jagd nach Ihrem Lieblingsprodukt durch die Läden sausen, nur um herauszufinden, dass es inzwischen «Jetzt zusätzlich mit Mango» heißt. So kann es allem ergehen, vom Filzpantoffel bis zur Wegwerfwindel.

Die Zeiten, als man noch ein einfaches Produkt verkaufen konnte, sind vorbei. Heute verkauft sich alles nur noch mit Schnickschnack und irgendwelchen Mätzchen, in phosphoreszierenden, folienumwickelten, biologisch abbaubaren, wiederverschließbaren, kalorienarmen, bleifreien, exklusiven, mikrowellentauglichen, galvanisierten, recycelbaren Verpackungen, mit Zusatzvitaminen, Ballaststoffen, Mineralien, Oxidationshemmern und nährstoffreicher Soße sowie mit einer lebenslangen, unanfechtbaren, verständlichen, zinsfreien, diebstahl- und feuerversicherten, rückgaberechtsichernden, drei-zum-Preis-von-einem, kauf-jetzt-zahl-später Garantie, jetzt zusätzlich mit Mango.

Natürlich sehnen sich die Menschen nach der guten alten Zeit zurück, als man beim Krämer rasch ein einfaches Fässchen Butter, ein Pfund Mehl und ein Viertelpfund Zucker erwarb und sicher sein konnte, dass die einzigen Zusätze aus Insekten, Würmern und irgendwelchen Mikroben bestanden. Damals brauchte man auch noch keine manipulationssicheren Verschlüsse, da man wusste, dass jeder Versuch, sich an etwas zu schaffen zu machen, einen Satz heißer Ohren bedeutete.

Fügen sie einem Produkt nicht irgendwas hinzu, behaupten Marketingleute Verbesserungen – oft bei ihren eigenen Leistungen. So ist Klopapier in den letzten dreißig Jahren immerzu «noch weicher» geworden, und seit seinen Anfängen als dünne Granitscheiben müssten die Grenzen der Weichheit eigentlich bald erreicht sein. Irgendwann werden die Marketingfritzen eine Kehrtwendung machen und behaupten, dass jede neue Rolle nun noch härter, fester und rauer sei, und ihre Werbung subtil von einem kleinen Welpen auf ein stacheliges Gürteltier umstellen.

Es gibt zwei Arten von Kunden: Solche, die Ihre Produkte kaufen, und solche, die es noch nicht tun, weil sie bisher Ihrem schlagkräftigen Marketing entgangen sind. Zur Ermittlung Ihres Kundensegments gibt es allerlei Möglichkeiten. Sinnvoll ist eine Unterscheidung zwischen Kunden, die Geld haben, und solchen, die keins haben. Danach können Sie die Kunden in solche mit und ohne Grips unterteilen. Anschließend verkaufen Sie Ihre Produkte an die mit Geld und ohne Grips.

Für das Verständnis seiner Kunden ist Marktforschung ein äußerst nützliches Instrument. Dafür versammeln Sie eine ausgewählte Gruppe von Kunden und stellen ihnen bei Wein und Knabbereien Testfragen zu Ihrem Produkt. Sie werden von diesen Gruppen allerdings nichts weiter erfahren, als dass es ein kleines Kundensegment gibt, das für ein Glas Wein und eine Schälchen Käseflips bereit ist, vorbeizukommen und irgendwelchen Blödsinn zu reden.

Um sich auf dem Markt erfolgreich zu behaupten, braucht jedes Produkt ein Alleinstellungsmerkmal. Das ist das Ding, wodurch sich Ihr Produkt von all den anderen ähnlichen Produkten da draußen abhebt und Ihnen einen Wettbewerbsvorteil verschafft. Lediglich sieben oder acht Unternehmen dürfen gleichzeitig das gleiche Alleinstellungsmerkmal haben.

Ein Mittel zur Sicherung seines Alleinstellungsmerkmals ist eine sehr starke Marke. Dazu gehören ein Logo und ein Name, beide sofort wiedererkennbar. Allerdings sind alle guten Logos und Namen schon weg, sodass Sie, sollten Sie sich nichts Vernünftiges gesichert haben, wahrscheinlich bei etwas wie Debila und einem grinsenden Meerschweinchen landen werden. Sobald Sie Ihr Markenzeichen haben, sorgen Sie dafür, dass es überall in der Firma auftaucht. Ein entsprechend bedruckter Teppichboden im Empfangsbereich ist ein souveräner Schritt in Richtung einer dauerhaften Aufnahme in den nationalen Aktienindex.

Es heißt, die Hälfte aller Werbeausgaben seien reine Verschwendung. Dieser verschwendete Teil ist gewöhnlich die Summe, die Sie für die kreativen Ergüsse der Werbeagenturen ausgeben. Die andere Hälfte fließt in ausgedehnte Mittagessen und «Brainstorming-Workshops» in Landhotels mit angeschlossenen Golfkursen – und ist eindeutig gutangelegtes Geld. Denn der Job von Werbeleuten besteht darin, den letzten angesagten Film, den sie gesehen haben, in eine Werbung für Toilettenreiniger umzumodeln. Der Job ihrer Auftraggeber ist es dann, den angesagten Film aus dem Werbekonzept wieder zu entfernen und durch Toilettenreiniger zu ersetzen.

Ein berühmter Marketingexperte, der leider plötzlich verstarb, sagte einmal: «Innovation oder Tod.» Das ist heute so wahr wie eh und je, obwohl in der Zwischenzeit alle Welt erneuert wie bekloppt. Innovation heißt, Neues auszuprobieren und große Risiken einzugehen. Das führt auf lange Sicht gesehen natürlich fast immer zur Katastrophe. Der Trick ist also, sich auf kurze Sicht um einen neuen Job zu bewerben, solange für Ihre neue Superidee lautstark die Werbetrommel gerührt wird und das Hohngelächter aus den Marktforschungsgruppen noch nicht zu hören ist.

Kundenpflege

Irgendwer hat einmal gesagt, es ginge nichts über ein Gratismittagessen. Wer immer diese Person war, sie kam eindeutig nicht aus dem Marketing. Tatsächlich ist das Konzept eines kostenlosen Mittagessens derart überzeugend, dass ein ganzes Geschäftsfeld daraus entstanden ist. Es nennt sich Kundenpflege und beruht auf der Tatsache, dass Leute, die im Leben nicht zu einer hundsgewöhnlichen Besprechung mit Ihnen bereit wären, Sie hocherfreut zum Mittagessen treffen, vor allem wenn es vor einem Fußballländerspiel in der VIP-Loge des Geschäftsführers serviert wird.

Kundenpflege betreiben meist Zulieferfirmen bei ihren Geschäftskunden. Dahinter steckt der Plan, sie so betrunken zu machen, dass all die Jahre empörend überteuerter Leistungen aus ihrem Gedächtnis gelöscht werden. Und falls sie noch nicht zum Kundenstamm gehören, sie so betrunken zu machen, dass sie einen Vertrag über Jahre empörend überteuerter Leistungen unterschreiben.

Kundenpflege ist nicht komplett ohne einen großen Golfschirm mit dem Firmenlogo für jeden. Sie sind bei Freiluftveranstaltungen sehr nützlich, da Gott eindeutig gegen Kundenpflege ist und sie deshalb gern beregnen lässt. Anhand der Anzahl der Logoschirme, die sich in der Diele ihres Zuhauses stapeln, können einem Marketingleiter großer Unternehmen auf der Stelle die Höhe ihrer Budgets nennen.

Selbstverständlich existiert eine feine Linie, jenseits deren aus Kundenpflege offene Bestechung wird. Diese Linie ist jedoch so fein, dass die meisten Marketingleute nie Notiz von ihr nehmen, vor allem wenn sie gerade ihre zweite Flasche Champagner geleert haben und von der VIP-Loge aus den Stadionbesuchern ihren nackten Hintern zeigen. Finanzabteilungen lehnen jede Form von Werbegeschenk naturgemäß strikt ab, da für sie die Überreichung eines Kugelschreibers mit Firmenaufdruck schwerem Diebstahl gleichkommt.

Letztlich ist alles eine Frage des Stils. Vergeben Geschäftskunden wirklich Aufträge an Anbieter, die sie zum Pferderennen nach Paris fliegen, oder an Anbieter, die so hart arbeiten, dass ihre Kundenpflege aus nicht mehr als ein paar Essensbons besteht, die ihnen auch noch in Rechnung gestellt werden? Geschäftskunden mit Sinn und Verstand werden selbstredend mit der ersten Firma nach Paris fliegen und der zweiten den Auftrag erteilen.

Messen

Die Aufmerksamkeit auf sich zu ziehen wird im Berufsleben üblicherweise nicht gerade gefördert, außer im Marketing, wo man himmelschreiendem Exhibitionismus große Wertschätzung entgegenbringt. Nirgendwo ist das sichtbarer als bei Fachmessen, wo Hunderte gleichgesinnter Unternehmen zusammenkommen, um sich vor der Öffentlichkeit zu entblößen.

Das Komplizierteste bei Messen ist, auszutüfteln, wie man all die Spitzenerzeugnisse seiner Firma auf der Fläche eines Jungendzimmers präsentiert. Anders als bei diesem müssen Sie zudem alles in Ihrer Macht Stehende tun, um die Menschen dazu zu ermuntern, Ihren Stand zu betreten und so lange wie möglich zu bleiben. Es lohnt sich auch, daran zu denken, dass neunzig Prozent der Leute, die in Ausstellungen herumlaufen, unmittelbare Konkurrenten sind, die Ihre tollen Ideen, etwas anders verpackt, im nächsten Jahr selber zeigen werden.

Gratiskaffee und -gebäck am Stand lassen die Leute in Scharen herbeiströmen, selbst wenn Sie Festiger für Nasenhaare herstellen würden. Tatsächlich versetzt schon allein das Wort GRATIS die meisten Menschen in Verzückung. Ein weiteres gutes Lockmittel sind Produktvorführungen. Was schön und gut ist, solange es um Küchenmaschinen oder Schuhputzkästen geht, nicht jedoch, wenn Sie Sterilisationsscheren oder Einäscherungen verkaufen. Das Einzige, was Leute entschieden von Ihrem Stand vertreibt, ist ein davor postierter dicker, freundlicher Marketingkollege, der alle anlächelt. Ihn sollte man besser seitlich des Stands platzieren und hineinlächeln lassen, damit jeder denkt, dort fände etwas Aufregendes statt.

Am Messestand unbedingt zu vermeiden ist eine einsame Gestalt, die strickend neben einem Stapel Werbeprospekte mit Eselsohren sitzt. Die Einzigen, die sich für derartige Szenerien interessieren, sind wahrscheinlich Stilllebenfotografen und Strickfans. Denken Sie auch daran, dass kostenlose Bonbons alleine noch nicht ausreichen, das Kaufverhalten zu beeinflussen, es sei denn, Sie wären in der Süßwarenbranche. Was Sie brauchen, ist ein Stand, der brummt und auf dem etwas los ist. Das lässt sich durch das Anheuern von Schauspielern erreichen, die Interesse an Ihrem Angebot simulieren. Seien Sie bei deren Auswahl jedoch sehr gewissenhaft, schließlich wollen Sie ja keine Truppe von Amateuren, die vor Verzückung über Ihre Prospekte ohnmächtig werden oder aus Dankbarkeit weinen, wenn ihnen jemand eine Visitenkarte überreicht.

Visitenkarten sind auf Messen übrigens ein Äquivalent zu Geld: Sie haben eine, und die Aussteller wollen sie. So wird man Ihnen alle möglichen Tombolas für Reisen in die Karibik andienen, nur damit Sie Ihre Visitenkarte in eine Glasschale werfen. Tun Sie es nicht. Denn sobald sie die haben, schickt man Ihnen zweimal die Woche Werbepost, und Sie werden bis in alle Ewigkeit von jedem einzelnen Verkäufer der Firma kontaktiert, da der Besitz Ihrer Karte bedeutet, dass Sie offiziell als heißer Kandidat gelten. Das Geheimnis besteht deshalb darin, sich so zu verhalten, als gingen Sie ins Spielcasino. Sie nehmen also nur so viele Karten mit, wie Sie bereit sind zu verlieren. Drei ist eine gute Zahl, denn wenn wir ehrlich sind, ist es ziemlich unwahrscheinlich, dass es mehr als drei neue bedeutsame Produkte oder Dienstleistungen gibt, über die Sie unbedingt Bescheid wissen müssten.

Beim Messerundgang empfiehlt es sich, in langsamem, gleichmäßigem Tempo exakt in der Mitte des Gangs zu bleiben, jeden Stand schnell zu mustern, bevor Sie näher treten, und alle fünf Meter vorsorglich «Nein danke» zu sagen. Das gewährleistet, dass Sie der unerwünschten Aufmerksamkeit all der Aussteller entgehen, die erbittert versuchen, Sie und Ihre Karte in die Finger zu kriegen. Sollte sich Ihnen ein Aussteller in den Weg stellen und tatsächlich seine Karte zustecken wollen: keine Panik. Denn auf diese Weise kommen Sie an eine Ersatzkarte, die Sie in die nächste Glasschale werfen können und diesem Stand damit einen weiteren hübschen heißen Kandidaten bescheren.

Marktforschung

Wenn Sie auf der Straße je von einer attraktiven Dame mittleren Alters mit einem Klemmbrett angehalten werden und sie Ihnen intime Fragen stellt, nehmen Sie entweder an einer Marktforschung teil oder werden reichlich unbeholfen von einem Strichmädchen angemacht.

Ein Marktforschungsinstitut zu beauftragen ist was für Schlappschwänze und in etwa so, wie einen Freund zu bitten, ein Mädchen zu fragen, ob es auf Sie steht. Ist er wirklich Ihr Freund, wird er wohl kaum mit einem «Sie findet dich widerlich, und du kotzt sie an» zurückgestürzt kommen. Selbst wenn Sie das mieseste Produkt der Welt hätten, müssen Sie deshalb nicht überrascht sein, wenn Ihre hochbezahlte Forschungsagentur mit dem Ergebnis angestürmt kommt: «Das wird ein Knüller, nichts wie los!»

Man unterscheidet drei Arten der Marktforschung: quantitative, in der erhoben wird, wie viele Menschen etwas tun; qualitative, die danach fragt, warum sie es tun; und manipulative, in der man sich Sachen einfach zurechtfrisiert. Nehmen wir zum Beispiel die unsäglichen Musicalproduktionen der jüngsten Zeit: Eine quantitative Erhebung würde ergeben, dass neunzig Prozent der Zuschauer sie hassen; die qualitative Erhebung würde besagen, dass die Leute sie hassen, weil sie das «Bühnenpendant einer Darmspülung» seien; die manipulative Erhebung dagegen würde erbringen, die Shows seien durchweg «ein Muss – unbedingt Karten ergattern!».

Marktforschung wird jedoch nicht nur auf der Straße betrieben. Es gibt Teststudios, in denen man eine Gruppe gleichgesinnter Personen in ein behagliches Zimmer mit Sofas setzt. Sie als Kunde zahlen dann dafür, hinter einem Einwegspiegel zu sitzen und sie zu beobachten. Dauerten diese Testgruppensitzungen dreißig Sekunden, würden die Leute einfach sagen: «Ja, dieses Deo riecht gut, und ich würde es mir unter die Achseln sprühen.» Stattdessen dauern sie drei Stunden, in denen das Deo schrittweise zu einer Metapher für postmoderne Introspektion oder zu einem Hoffnungsträger für die Menschheit wird. Testpersonen sagen bei derlei Untersuchungen alles Mögliche, eins aber bleibt immer ungesagt: «Dafür würde ich auch nicht einen Cent ausgeben.»

Damen mittleren Alters mit einem Klemmbrett haben die entgegengesetzte Wirkung einer Wahrheitsdroge. Sie erinnern jeden an die eigene Mutter, weshalb man instinktiv lügt, um es ihnen recht zu machen und keinen Ärger zu bekommen. Wundern Sie sich also nicht, wenn die Verbraucher ihre Meinung geändert zu haben scheinen, nachdem Sie gerade für Millionen ein Produkt auf den Markt gebracht haben, das sie vorgeblich mochten. Denken Sie daran: Es wurde noch nie erforscht, ob Forschung wirklich funktioniert. Wenn doch, schweigt man sich über die Ergebnisse weidlich aus.

Public Relations

PR-Agenturen verdienen ihr Geld mit einem einfachen Strickmuster: Sie jagen großen Unternehmen einen Riesenschrecken ein, indem sie irgendwas über einen Faktor X erzählen, der die Firma ruinieren könnte, und verlangen anschließend einen saftigen Vorschuss für ihre Bemühungen, dafür zu sorgen, dass dieser Faktor X nie eintritt. Tut er es nicht, machen sie einen bedeutenden Sieg geltend und schicken Ihnen zur Feier des Tages eine Reihe Rechnungen.

Ein sehr kleiner Tätigkeitsbestandteil von PR besteht darin, Ihrem Produkt Aufmerksamkeit zu verschaffen. Das geschieht, indem für einen Bruchteil der gigantischen Rechnung ein Haufen abgehalfterter und pathetischer Schauspieler angeheuert wird, die hastig zusammengeschusterte Handzettel vor Ihrem örtlichen Bahnhof verteilen.

Denken Sie bei der Auswahl einer PR-Agentur daran, dass alle mit dem Prinzip der Verhältnismäßigkeit der Mittel arbeiten. Das heißt, wenn eine Agentur einen großen Ölkonzern mit einem Millionenetat vertritt, wird man Ihren kleinen Laden an eine studentische Hilfskraft weitergeben, die sich darum kümmern soll, wenn sie mit Kaffeekochen fertig ist. Ein gute Faustregel: Beschäftigen Sie nie eine PR-Agentur, die bekannter ist als Ihre Firma, denn wenn Sie es tun, wird sich daran mit Sicherheit nichts ändern.

Am widerlichen, schleimigen Ende der PR-Skala steht der Pressebeauftragte, dessen Job es ist, Ihr Gesicht in den Medien zu halten. Jetzt klärt sich, was aus dem Jungen in der

Schule wurde, der es sich zur Lebensaufgabe gemacht hatte, Ihren Kopf die Toilette runterzuspülen. Denn Ihr Konterfei ständig in den Medien zu halten ist das psychologische Äquivalent seines jugendlichen Verhaltens.

PR-Agenturen gleichen Werbeagenturen insofern, als es auch hier um einen annähernd ununterbrochenen Kreislauf von Partys, Mittagessen und generellem Rumtrödeln geht. Der kleine, aber deutliche Unterschied besteht darin, dass Sie bei einer Werbeagentur am Ende vielleicht irgendwas zum Vorzeigen haben.

Verkaufen

Auf einer Party zu erklären, man sei im Verkauf, kommt einem gesellschaftlichen Todesurteil gleich. Zu sagen, man sei Einkäufer, ist aber vollkommen in Ordnung. Das liegt daran, dass Verkaufen als etwas schmuddelig, Einkaufen dagegen als sexy gilt. Allerdings werden diese beiden Attribute landläufig durchaus gerne miteinander verwechselt.

Alle Verkäufer haben Ziele. Meist sind diese Ziele verwirrte ältere Menschen, die überzeugt werden können, es sei normal, vier verschiedene Rentenversicherungen gleichzeitig zu haben. Sobald jemand sagt, er sei im Verkauf tätig, spürt man selbstverständlich augenblicklich, wie sich das Portemonnaie zusammenzieht. Deshalb tun Verkäufer gerne so, als wären sie eigentlich jemand, der sozial etwas akzeptabler ist, etwa Pelztierzüchter oder Fernsehgebühreneintreiber.

Ganz am unteren Ende der Verkäuferskala stehen die Vertreter. Man erkennt sie am Telefon daran, dass sie sich nur ein bisschen umhören wollen, einem nichts zu verkaufen versuchen und ganz zufällig gerade in Ihrer Gegend sind. Wenn einer Sie fragt, ob Sie der Hausbesitzer seien, erzählen Sie ihm, dass Sie nur da wären, um den Staubsauger zu reparieren.

Man unterscheidet aggressive und diskrete Verkaufstaktiken. Aggressiv ist, wenn Sie Ihren Fuß in die Tür schieben und so lange durch den Türspalt schreien, bis der Eigentümer oder Mieter die Polizei ruft. In diesem Fall probieren Sie einfach, den Polizisten auf dem Revier etwas anzudrehen. Diskrete Verkaufstaktiken bedeuten, dass man Ihnen mit höherer Wahrscheinlichkeit etwas abkauft, wenn Sie richtig einen auf gute Freunde machen. Komischerweise mögen einen Vertreter niemals so sehr, dass sie einem nicht gnadenlos eine Kapitalanlage verkaufen würden, deren Wert sich zwei Minuten nach dem Unterschreiben halbiert.

Unternehmensberater

Ein Unternehmensberater ist ein Mensch mit einem so ausgeprägten Ego, dass es mehr als eines Unternehmens bedarf, um es zu füttern. Auf zwischenmenschlicher Ebene arbeiten Berater mit dem Versuch, entweder Angst zu verbreiten oder ein Freund zu sein. Letzteres macht dabei die größte Angst.

Managementberater haben starke Ähnlichkeit mit Ärzten, insofern auch sie dafür bezahlt werden, eine undurchdringliche Miene aufzusetzen, während sie den zusammengeschrumpften Intimbereich eines Betriebs untersuchen. Oft beginnen sie mit etwas, das sie Problemdiagnose nennen. Dieses Verfahren kommt aus der Medizin und bedeutet, dass Sie die Hosen runterlassen und husten müssen. In Wirklichkeit wird dabei ermittelt, wie es um Ihre Finanzen bestellt ist und wie viel man später aus Ihnen herausquetschen kann. In den Zentralen großer Unternehmensberatungen stinkt es förmlich nach Unkosten. Allein dort im Empfangsbereich zu sitzen hat denselben Effekt auf Ihr Budget wie kaltes Wasser auf Ihr Gemächt.

Als Lackmustest für einen Berater gilt, ob er sagen kann: «Alles in Ordnung, wir gehen dann mal.» Ein echter Berater kann es nicht. Stattdessen dreht man Ihnen eine Konzeptentwicklung an, die gerade so teuer ist, dass Ihr Profit auf einem Level bleibt, das weitere Beratungsdienste erforderlich macht.

Sämtliche Berater behaupten, schon einmal für ein erfolgreiches Unternehmen tätig gewesen zu sein, damit sie sagen können: «Bei XY haben wir uns äußerst gründlich das Matrixmanagement angesehen.» Was sie nicht erzählen, ist, dass sie damals Student waren und bei XY Kaugummis von Sitzungssesseln entfernt haben und lediglich beim Schiffeversenken in der Betriebskantine in die Nähe des Matrixmanagements kamen.

Fairerweise muss man sagen, dass Berater einen netten Bericht abliefern. Darin sind sämtliche jemals von Ihrer Firma vorgelegten Zahlen erfasst, unter besonderer Hervorhebung gerade so vieler Fehler Ihres Finanzvorstands, dass Sie besser hübsch die Klappe halten, wenn es ans Zahlen der Rechnung geht. Irgendwo am Ende des Berichts steht eine Zusammenfassung der empfohlenen Maßnahmen. Die erste lautet, in stark verklausulierter Form: «Macht mehr Knete, oder ihr werdet bis zum Hals in der Scheiße stecken.» Die zweite ist deutlicher formuliert: «Was Sie wirklich brauchen, ist eine weitere Problemdiagnose.»

Agenturen

Leute aus Agenturen sehen häufig besser aus als Sie, was allerdings nicht notwendigerweise heißt, dass sie auch mehr Grips hätten. Wahrscheinlich sind sie in der Tat sowohl besser aussehend als auch cleverer, weshalb sie einen Porsche fahren und Sie mit dem Bus. Dennoch haben die glamourösen Agenturtypen eine Achillesferse: Im tiefsten Innern ihres Herzens wissen sie, dass sie keinen richtigen Beruf haben. Wenn Sie mit irgendeinem haarsträubenden kreativen Konzept ankommen, sagen Sie deshalb einfach: «Großartig, aber im richtigen Leben funktioniert das nicht.»

Agenturleute lassen sich in zwei Typen unterteilen. Die mit guten Zähnen und schnellen Autos kennt man als die Kundenbetreuer. Sie wurden speziell dafür ausgebildet, Ihnen dummes Zeug zu erzählen, ohne dass Sie es merken. Sollten Sie meinen, durch Glück an einen geraten zu sein, der erstaunlich viel vernünftige Dinge von sich gibt, liegt das nur daran, dass er außergewöhnlich gut ausgebildet ist. Alle anderen sind die Kreativen. Es wird Ihnen nicht vergönnt sein, Kreative je zu Gesicht zu bekommen, weil sie einfach zu kreativ sind, um mit gewöhnlichen Menschen zu verkehren. Außerdem ist es ein Faktum, dass sie sich entweder nur mit Grunzlauten oder in Flötentönen mitteilen können.

Wenn Sie eine Sitzung mit Ihrer Agentur ansetzen, gestehen Sie den Leuten zu, eine Stunde zu spät zu kommen. Das verschafft ihnen die Zeit zu entscheiden, welche Schwarznuance sie tragen wollen. Als Klient sollte man dafür stets einen Anzug anziehen, auch wenn man es bei seiner täglichen Arbeit gewöhnlich nicht tut. Denn Anzüge sind das, was Menschen mit richtigen Berufen im richtigen Leben tragen. Sollten Sie darauf beharren, sich leger zu kleiden, denken Sie daran, dass Agenturtypen voll im metrosexuellen Modetrend liegen und Sie immer aussehen lassen werden, als kleideten Sie sich ausschließlich beim Klamottendiscounter ein.

Reservieren Sie Ihrer Agentur auch immer von sich aus einen Parkplatz für eines ihrer übermotorisierten, quietschbunten Autos, die ja eigentlich Sie finanzieren. Sorgen Sie dafür, dass sich dieser Parkplatz unter einem großen Baum befindet. Bestücken Sie dessen ausladende Äste mit einer repräsentativen Auswahl diversen Vogelfutters, um möglichst viele hungrige Arten mit hemmungslosen Verdauungsgewohnheiten anzulocken. Auf diese Weise kann der Agenturwagen die gleiche Erfahrung machen wie Sie in Ihrem Meeting mit seinen Besitzern.

Es gibt derartig viele Agenturen, dass die Auswahl Sie vielleicht ratlos macht. Eigentlich können Sie eine aufs Geratewohl herauspicken, da Ihnen alle geniale Kreativität, sagenhafte Kenntnisse Ihrer Branche und eine einzigartig kooperative Herangehensweise anbieten. Jenseits des Empfangsbereichs sieht es auch in allen Agenturen ziemlich gleich aus. Das Einzige, wovor man sich hüten sollte, ist eine Agentur mit verdächtig vielen Sofas. Sind sie für die Kreativen und deren Entspannung bestimmt, wird dort offensichtlich nicht genug gearbeitet. Sind die Sofas dagegen für Sie bestimmt, sollten Sie sich darauf einstellen, sehr lange auf irgendein Anzeichen produktiver Ergebnisse warten zu müssen.

Agenturen sind wie Geliebte. Am Anfang halten Sie sie für Sex total, doch nach einer Weile merken Sie, dass sie eine Anzahl unangenehmer und kostspieliger Angewohnheiten haben. Die beste Methode, eine Agentur wieder loszuwerden, besteht darin, sie zu einer neuerlichen Präsentation aufzufordern, bei der sie mit zwei jüngeren, clevereren und kleineren Sex-total-Agenturen um den Auftrag konkurrieren. Anschließend können Sie Ihrer alten Agentur mitteilen, sie habe in einem fairen Kampf verloren (es sei denn natürlich, sie hätte sich das beste Konzept einfallen lassen).

14 Etwas bewegen

Strategie

Das Geschäftsleben kennt nur vier Arten von Strategie: Akquise, Abstoßen, Umsatzwachstum und Kostenreduzierung. Um sich für die richtige zu entscheiden, muss man sich einfach anschauen, was der vorherige Geschäftsführer getan hat, und dann genau das Gegenteil machen. Alternativ dazu lassen sie sich nach der zeitlichen Abfolge auswählen. Denn jede der Strategien hat eine Wirkungsdauer von sieben Jahren, sehen Sie also einfach nach, was die Firma vor vierzehn Jahren gemacht hat, und wiederholen Sie es.

Von Strategien profitieren nur Börsenanalysten, die vom Geschäftsbetrieb im Großen und Ganzen eigentlich keine Ahnung haben. Man kann mit einigem Recht sagen, dass das, was Leute in der Finanzwelt und im Geschäftsleben tun, zwei vollkommen unterschiedliche Dinge sind. Strategien sind dicke Schlagzeilen, die Analysten verstehen. Wenn Ihre Strategie plakativ genug ist, wird Ihr Börsenwert steigen.

Gute Vorstandsvorsitzende und Hauptgeschäftsführer verfügen deshalb über eine echt plakative Strategie und versilbern dann prompt ihre Aktienoptionen.

Wie Aktienoptionen verlaufen auch Strategien gewöhnlich irgendwo in den höheren Ebenen des mittleren Managements im Sande. Proportional gesehen gelingt daher mehr Menschen eine Besteigung des Mount Everest, als dass eine Strategie erfolgreich bis zur Basis durchdringt.

Die wohl schlagkräftigste und erfolgreichste Strategie ist, etwas zu verwirklichen, das sich effiziente Betriebsführung nennt. Dazu gehört, großartige Produkte zu einem vernünftigen Preis und mit zuverlässigem Service schnell an den Mann zu bringen. Bedauerlicherweise besteht ein Großteil der betriebswirtschaftlichen Ausbildung darin, nach komplizierten Begründungen dafür zu suchen, diese Strategie außer Acht zu lassen. Es bedarf schon einer Führungskraft von echter Größe zuzugeben, dass es sehr einfach ist, ein Unternehmen zu leiten.

Eigeninitiative

Um beruflich voranzukommen, müssen Sie die Art Mensch sein, die als Macher gilt. Natürlich macht jeder irgendwas, und zwar seine Arbeit. Deshalb werden Leute, die etwas über ihren eigentlichen Job hinaus tun, wahrgenommen und befördert. Zielstrebige Angestellte müssen also zusehen, eindeutig mit einer Eigeninitiative in Verbindung gebracht zu werden.

Eine Initiative ist geboren, sobald sie einen Namen bekommt. Ihre Stelle hat keinen Namen, deshalb ist sie auch keine Initiative. Erfinden Sie indes etwas, das «Neue Horizonte» oder «Vision 2010» oder «Hosenhochziehen» heißt, schon haben Sie Ihre Initiative. Man unterscheidet lediglich sechs Arten von Initiativen: Qualitätssteigerung, Kostenkontrolle, Verantwortung delegieren, Innovation, Teamarbeit und Kundenservice. Sie sind jährliche Wiedergänger wie die Baumblüte, und sobald Sie einmal einen kompletten Zyklus durchlaufen haben, ist es vermutlich am besten, die Firma zu verlassen, bevor Ihr Zynismus die gesamte Organisation bedroht.

Um die Eigeninitiative zu ergreifen, muss man nicht kreativ sein – dafür gibt's Unternehmensberatungen. Sie sind Experten auf dem Gebiet, noch aus der popeligsten Idee den größtmöglichen Deal herauszuschlagen und am Ende die denkbar fetteste Rechnung zu stellen. Ihre Schubladen sind voll origineller, für Ihr Unternehmen maßgeschneiderter Ideen. So müssen sämtliche Initiativen Folgendes vorsehen: ein Ringbuch mit fachjargonfreien und interaktiven Arbeitspapieren, das exakt ins oberste Schrankfach passt; ein bedrucktes Mauspad, das demonstriert, wie leicht alles zu verstehen ist; und eine Präsentationssitzung, in der den ganzen Tag über alle interagieren und verstehen und trinken, um in der darauffolgenden Nacht alles wieder zu vergessen.

Sobald Sie Ihre Initiative haben, ist es sehr wichtig, auf spezielle Art darüber zu sprechen, damit jeder Bescheid weiß, dass dies keine reguläre Arbeit ist, mit der Sie da Ihre Zeit vergeuden. Initiativen sind nie revolutionär, jedoch immer evolutionär oder umgekehrt. Und selbstverständlich ist eine Initiative nie einfach nur eine Initiative, schließlich wird aus ihr «unsere Arbeitsweise»; überdies verlangt sie «Mitwirkung von allen» und wird den «Wandel von oben» bringen, falls nicht «von unten nach oben»; sodann wird die Initiative «eine schrittweise Transformation der Leistungsstärke» bewirken und uns dorthin befördern, wo wir hingehören, nämlich als «Klassenbeste» oder «einfach die Besten» an «die Branchenspitze».

Alle Initiativen haben einen Lebenszyklus: gewagte Idee, teure Umsetzung, mühsame Markteinführung, kurze Begeisterung, Apathie, Altersschwäche, Abscheu, Tod. Sobald Sie sich für eine Initiative eingesetzt und Berater engagiert haben, deren Honorare einem die Tränen in die Augen treiben, und die schicken Farbdrucke fertig sind, ist es lebenswichtig, dass Sie so schnell wie möglich das Maximum an Ansehen daraus ziehen, sich dann schleunigst aus dem Staub machen und die Durchführung des ganzen Projekts einem anderen armen Trottel überlassen. Er wird anschließend die Schuld, Verbitterung und Wut abbekommen, die naturgemäß entsteht, wenn jemand versucht, etwas zu verändern.

In jedem größeren Unternehmen laufen eine Menge Initiativen parallel. Daher könnte Ihre eigene Initiative vielleicht darin bestehen, irgendeines dieser anderen Projekte als pure Zeit- und Geldverschwendung zu entlarven. Man wird Ihnen eifrig beipflichten, und Sie werden alle möglichen Pluspunkte dafür bekommen, dass Sie so hart, rigoros und unbeirrbar sind. Die radikalste und produktivste Initiative müsste natürlich «Ein Jahr, in dem wir ohne irgendwelche albernen Initiativen in unseren Jobs weiterkommen» heißen. Das werden Sie aber nie im Leben durchkriegen, deshalb halten Sie besser die Klappe. Oder schlagen eine kleine «Zurück zu den Wurzeln»-Initiative vor.

Der richtige Ansprechpartner

Damit es im Beruf läuft, kommt es wie im übrigen Leben darauf an sicherzustellen, dass man mit der richtigen Person spricht. Leider gibt es die richtige Person in der Regel nicht, und Sie müssen neunzig Prozent Ihrer Zeit mit dem ignoranten, desinteressierten Schwachkopf vorliebnehmen, der die Intelligenz und Entschlusskraft einer Radkappe hat und anscheinend im Alleingang eine Rezession verursacht.

Irgendwo in einem sagenhaften Land weit, weit weg gibt es einen Menschen, der genau weiß, wovon Sie reden, Ihre Mitteilungen aus dem Effeff kennt, genau das macht, was Sie wünschen, und zwar auf der Stelle, und echte Freude daran zu finden scheint, Ihnen zu Diensten zu sein. Sollte Ihnen eine solche Person wie durch ein Wunder jemals über den Weg laufen, werden Sie zu derart tiefer Dankbarkeit neigen, dass Sie vergessen, warum Sie diese Person überhaupt aufgesucht haben, und auf der Stelle herauszufinden versuchen, wer sie ist, und sie heiraten.

Hin und wieder ist man so genervt von einem Schwachkopf von Kundendienstmitarbeiter, dass man verlangt, seinen Vorgesetzten zu sprechen. Dabei ist zu bedenken, dass dieser geschult ist im Aufsagen von Sätzen wie «das kann ich verstehen», «ich notiere mir Ihre Hinweise» und «wir werden unser Bestes tun» und diese in jeder beliebigen Kombination einsetzt, um sie zu beschwichtigen. Legen Sie sich nie und nimmer mit Abteilungsleitern an. Abgesehen davon, dass Sie das kein Stück weiterbringt, sollten Sie daran denken, dass Sie es mit besagtem Schwachkopf nur dieses eine Mal zu tun haben, wohingegen die Zulage des Abteilungsleiters tagtäglich von dessen Erfolg abhängig ist.

Im Büro ist immer jeder für irgendetwas der richtige Ansprechpartner. Jeder hat auf seine Weise die Erfahrung, das Programm, das Formular, den Laufzettel, das Fachwissen oder den Schlüssel, um irgendetwas auf die denkbar einfachste Weise zu erledigen. Das nächste unumstößliche Gesetz im Beruf lautet allerdings, dass, wenn jemand diese spezielle Sache gern erledigt hätte, die letzte Person auf Erden, die gefragt wird, Sie sind. Hätte man es getan, wäre alles in null Komma nichts über die Bühne gegangen. Hat man aber nicht, und deshalb müssen Ihre Kollegen jetzt das Rad neu erfinden, Führerschein machen und sich einer Reihe von Crashtests unterziehen, während Sie geduldig abwartend an der Ziellinie stehen. Auf diese Weise muss jeder alles ganz von vorne lernen. Das ist gemeint, wenn vom lernenden Unternehmen die Rede ist.

Netzwerke

Im Berufsleben gilt immer noch, dass nicht entscheidend ist, was man weiß, sondern wen man kennt. Das ist ein bisschen deprimierend, wenn man gerade eine fünfzehnjährige Ausbildung hinter sich gebracht hat.

Manche Leute schwören darauf, das Geheimnis beruflichen Erfolgs sei etwas namens netzwerken. Ulkigerweise erzählen sie einem das gern in einer Ecke der Stadtbibliothek, wo sie auf Mikrofiche die Stellenanzeigen der letzten paar Jahre durchforsten. Der Begriff «Netz» ist dem Eisenbahnwesen entlehnt und bezieht sich auf die Verschwendung von Zeit und Geld ohne Garantie, dass man jemals irgendwo rechtzeitig ankommt.

Dass jemand netzwerkt, erkennen Sie daran, dass er Ihnen in den ersten dreißig Sekunden eines Gesprächs seine Visitenkarte aufdrängt. Nachdem er Ihnen dann etwa zwei Minuten lang berichtet hat, wie toll er ist, fragen Sie ihn, ob er Ihre Karte möchte. Da ihm die Visitenkarten anderer Leute völlig wurscht sind, geben Sie ihm doch einfach seine eigene zurück und sehen dabei zu, wie er sie achtlos in die Tasche stopft.

Wirklich begeisterte Netzwerker reden auf Partys gerne übers «Kontakteknüpfen». Man erkennt sie daran, dass, während alle anderen sich amüsieren, sie richtiggehend schwer arbeiten. Denn ihr Ziel besteht darin, sich bei jedem Anwesenden nach dessen Tätigkeit zu erkundigen und ihn nach drei Sekunden stehenzulassen, sollte er ihnen nicht nützlich sein können. Für Netzwerker ist außerdem die hinter Ihnen stehende Person immer viel interessanter als Sie selbst. Im Großen und Ganzen erzielen sie so exakt die gleiche Wirkung, als würden sie herumgehen, jedem eine Visitenkarte überreichen und sagen: «Machen Sie nie Geschäfte mit mir.»

Selbstorganisation

Von Zeit zu Zeit stellen Sie fest, dass sich mit Ihrer Arbeit etwas ändern muss. Alles kann dieses Gefühl auslösen: die plötzliche Erkenntnis, dass man einen auf fünf Jahre befristeten Job hat; das Auffinden einer an Sie gerichteten dringenden Aktennotiz von jemandem, der die Firma verlassen hat; oder das wachsende Bewusstsein, dass sich Ihre Stellenbeschreibung nach einem Resozialisierungsprogramm für psychisch kranke Kriminelle anhört.

Sobald Sie dieses Gefühl ergriffen hat, beschließen Sie sehr schnell, dass es Ihnen jetzt reicht. Solche mit gewalttätiger Veranlagung gehen in diesem Stadium nach draußen und demolieren eine Bushaltestelle. Der Rest von uns fängt damit an, eine Reihe von Dingen zu tun, die wir normalerweise nie tun würden. Als Erstes machen Sie klar Schiff, indem Sie das Ende Ihres Radierers begradigen, Ihre Telefonschnur entwirren und neunzig Prozent Ihres Papierkrams wegwerfen.

Dann räumen Sie Ihren Computer auf, das heißt, Sie bringen Ihre sämtlichen Dateien in ein benutzerfreundliches, logisches System, das alles auf drei Ordner verteilt: Arbeit,

Allgemeines und anderes. Zum ersten Mal, seit Sie Ihre Stelle angetreten haben, beschließen Sie, auch den Papierkorb des Computers zu leeren, und gewinnen dadurch zwei Drittel der Speicherkapazität zurück. In diese Aufräumarbeiten steigern Sie sich derartig hinein, dass Sie aus Versehen Ihre sämtlichen Hauptanwendungen löschen und eine Woche lang nicht arbeiten können.

Nachdem Sie Ihren Computer vollständig leergeräumt haben, machen Sie sich über Ihren Eingangskorb her. Drei Stunden lang ackern Sie wie wahnsinnig, ohne auch nur einmal den Kopf zu heben, und erledigen dabei ein ganzes Monatspensum, einschließlich all der lästigen Dinge, die Sie bislang hinausgeschoben haben, wie zum Beispiel Kundenbetreuung. Anschließend rufen Sie Ihre Arbeitskollegen an und sagen nein zu deren bescheuerten Ideen, die nur Zeit verschwenden. Wenn Sie das vom Hals haben, machen Sie sich eine ordentliche Liste all der Dinge, die Sie tun werden, um endlich auf die Überholspur des Lebens zu gelangen wie Chinesisch lernen, das Diplom nachmachen und Ihren Eiskonsum drosseln. Zum Schluss finden Sie, dass es angesichts einer solchen Produktivität höchste Zeit für einen neuen einflussreichen Job wird, und lassen sich bei einer Vermittlungsagentur für Führungskräfte registrieren.

Zu diesem Zeitpunkt beginnt Ihr Energieausbruch dann allmählich abzuklingen, und Sie treten in die selbstgefällige und zufriedene Phase ein, in der Sie Ihren leeren Schreibtisch, Ihren sauberen Radiergummi und den leeren Eingangskorb bewundern. Diese Phase geht sehr schnell in die verlängerte

Mittagessen- und Erholen-beim-Shopping-Phase über, in der Sie sich für Ihre Tüchtigkeit angemessen belohnen.

Wenn Sie endlich wieder im Büro sind, verbringen Sie den Rest des Nachmittags damit, jedem zu erzählen, wie Sie geschuftet haben, und mit dem Nachholen Ihrer Privattelefonate. Unterbrochen werden Sie lediglich vom Rückruf der Vermittlungsagentur für Führungskräfte, die Ihnen eine erstklassige Chance auf den Job eines Kollegen zwei Gehaltsstufen unter Ihnen anbietet. Am Ende des Tages sind Sie noch immer selbstzufrieden genug, um die kommenden vier Wochen kompletten Nichtstuns im Büro zu rechtfertigen.

Sitzungen

Die Hälfte eines Arbeitstags verbringt man in Sitzungen, wovon die eine Hälfte die gesamte Veranstaltung nicht wert und in der anderen Hälfte die halbe Zeit vergeudet ist. Was bedeutet, dass Sie annähernd ein Drittel Ihres Berufslebens in kleinen Räumen mit Leuten zubringen, die Sie nicht leiden können, und sich mit Dingen beschäftigen, die keinerlei Relevanz haben. Nur aus einem einzigen Grund halten die Leute so viele Sitzungen ab: Dies ist die einzige Zeit, in der sie ihrer Arbeit, ihrem Telefon und ihren Kunden entkommen.

Viele Leute sagen, das Geheimnis eines guten Meetings sei Vorbereitung. Würden sich die Leute allerdings wirklich darauf vorbereiten, würden sie feststellen, dass die meisten völlig überflüssig sind. In der Tat ist eine straffgeführte Sitzung eines der beängstigendsten Dinge im Büroleben überhaupt. Auf eine solche müssen Sie sich nämlich vorbereiten, darin arbeiten und im Anschluss daran aktiv werden. Glücklicherweise kommen sie genauso selten vor wie ein Sinn für Ausschweifungen in der Finanzabteilung.

Sitzungszeit unterscheidet sich immer von Echtzeit. So kann eine schnelle, zehnminütige Abstimmungsrunde leicht einen gesamten Vormittag in Anspruch nehmen. Einer der Gründe hierfür ist, dass eine Sitzung eigentlich nicht anfängt, bevor jemand erklärt: «Ich muss gleich in eine Sitzung.» Das Schönste im Büroalltag ist jedoch eine abgesagte Sitzung. Insofern kann man sich das Büroleben ein wenig erleichtern, indem man einen Haufen überflüssiger Sitzungen anberaumt und dann neunzig Prozent von ihnen wieder cancelt. Das hält Ihnen den Terminkalender fast völlig frei zum Entspannen – oder zum Arbeiten, sollte Ihnen danach sein.

Gehen Sie eine Woche lang in Urlaub, versäumen Sie durchschnittlich zehn Sitzungen, bei denen Sie kurioserweise kein Mensch vermisst. Das liegt am Eigenleben von Sitzungen, das sie ganz unabhängig von den Teilnehmern haben. Die Moral davon: Sobald Sie jemand auffordert, an einer Sitzung teilzunehmen, sagen Sie einfach, nichts lieber als das, aber Sie wären zum angesetzten Termin leider im Urlaub. In der darauffolgenden Woche laufen Sie dann mit einem Koffer statt einer Aktentasche herum für den Fall, dass jemand nach einer Sitzung an Ihnen vorbeiläuft, in der Sie eigentlich hätten sein sollen.

Sitzungen haben etwas von Heizungen in alten Taxis: Sie wälzen lediglich heiße Luft um, bis man Kopfschmerzen bekommt und das Fenster aufmachen muss. Außerdem reißen in Sitzungen immer die mit den lautesten Stimmen und größten Egos die Redezeit an sich. In der Regel sind das genau dieselben Kollegen, die mit den schlechtesten Ideen herausrücken. Die besten Gedanken und Vorschläge kommen dagegen stets von Leuten, die vollkommen schweigsam dabeisitzen und nichts zur Diskussion beitragen. Die meisten Sitzungen werden entweder damit zugebracht, über Probleme zu sprechen, die aus unerledigter Arbeit resultieren, oder über Arbeit zu reden, die unbedingt erledigt werden muss, um Probleme zu lösen. Da es so viele Sitzungen gibt, bleibt nur wenig Zeit zum Arbeiten und Problemlösen, was nur eines bedeutet: noch mehr Sitzungen.

Ein Arbeitsfrühstück unterscheidet sich insofern von anderen Sitzungen, als die Teilnehmer hier am Anfang schlafen statt am Schluss. Eines der Probleme bei einem Geschäftsfrühstück ist, dass man nie essen kann, was man ansonsten frühstückt. Niemand wird bei einer solchen Veranstaltung auf Spitzenebene beeindruckt sein, wenn Sie sich eine Schüssel Cornflakes einverleiben. Stattdessen müssen Sie Zeug essen, das sonst nur religiöse Eiferer oder Franzosen anrühren würden, wie Grapefruits und Croissants.

Zuspätkommer

Im Wertekatalog von Firmen steht immer irgendetwas zum Thema Respekt gegenüber der Zeit anderer Leute. Gleichzeitig gibt es in jeder Firma Leute, die die Zeit anderer derart schätzen, dass sie darauf beharren, so viel wie möglich davon in Anspruch zu nehmen. Diesbezüglich sind die schlimmsten Übeltäter Kollegen, die sich bei Sitzungen immer verspäten.

Viele Männer bemessen ihre Männlichkeit daran, wie viel zu spät sie zu einer Sitzung kommen können. Pünktliches Erscheinen ist für sie ein Beleg dafür, eine untergeordnete Charge zu sein oder so viel freie Zeit zu haben, dass man es sich leisten kann, herumzusitzen und zu warten, bis die anderen Kollegen auftauchen. Sich zu verspäten signalisiert dagegen jedem, wie beschäftigt sie sind und wie glücklich sich alle schätzen können, jemanden so Gefragtes bei der Sitzung dabeizuhaben. Das erklärt zum größten Teil, weshalb eine pünktlich beginnende Sitzung etwa so selten vorkommt wie Tiefstapelei in der Marketingabteilung.

Bei Sitzungen gilt eine feinabgestufte Verspätungsskala. Alles zwischen fünf und zehn Minuten zählt eigentlich nicht, weil diese Zeit ohnehin für Kaffeekochen und Meinungsaustausch über das Verkehrschaos draufgeht. Zwanzig Minuten sind das Einstiegslevel für ernstzunehmende Zuspätkommer, bis zu eine halbe Stunde schindet wirklich Eindruck. Alles darüber hinaus birgt die Gefahr, dass nicht mehr gewartet wird.

Das Verhalten beim Eintreffen gibt Auskunft über die Stellung des Zuspätkommers in der Bürohierarchie. Niedrigere Chargen werden sich ängstlich hereindrücken, dann wie eine Zitrone dabeisitzen und absolut nichts begreifen, weil sie den entscheidenden Teil nicht mitbekommen haben – warum eigentlich alle da sind. Leute, die chefmäßig drauf sind, werden hereinfegen und über etwas dozieren, das gerade in den letzten zehn Minuten abgehandelt wurde (alles, worauf man sich vor ihrer Ankunft verständigt hat, wird hinfällig, damit ihr Beitrag für den Entscheidungsprozess als unverzichtbar gewürdigt werden kann).

Zuspätkommer schütteln stets fassungslos den Kopf und stoßen tiefe Seufzer aus, als wäre ihre Verspätung die Folge einer kosmischen Verschwörung gegen sie und nicht ihrer eigenen Blödheit. Sollte allerdings einmal eine Sitzung stattfinden, auf der es um Beförderungen nach der Maßgabe «Wer zuerst kommt, mahlt zuerst» ginge, stünden dieselben Leute ganz vorne in der Schlange.

Bei Chefs ist diese Form ständiger Verspätung außerordentlich schwierig zu bekämpfen, da sie von einer Art Berauschung herrührt, in der Regel vom Klang der eigenen Stimme. Die einzige Lösung besteht darin, sie erst gar nicht zur Sitzung einzuladen. Leider ist das gewöhnlich nicht möglich, da Chefs die meisten Sitzungen einberufen, und zwar um Vorträge über Teamarbeit und gegenseitigen Respekt zu halten. Versuchen Sie, auf eine notorisch zu spät kommende Person mit einem Namen, zum Beispiel Alfons der Viertelvorzwölfte, Bezug zu nehmen. Das kann nach einer Weile ziemlich peinlich für den Betreffenden werden, vor allem wenn Sie es in allen internen Aktennotizen durchhalten.

Kritzeleien

Kritzeleien sind die Tattoos der Bürowelt, in denen Menschen ungewollt ihre innersten Gedanken und Wünsche ausdrücken. Die verbreitetste Kritzelei sind niedliche Blumen, was bedeutet, dass Sie von all den schönen Dingen träumen, die außerhalb Ihrer Sitzung stattfinden. Des Weiteren gibt es dicke, schraffierte Pfeile, die sagen wollen: Holt mich hier raus! Und schließlich noch ein Mann mit einer Axt im Schädel. Das heißt, dass die Sitzung schon vor einer Stunde hätte vorbei sein sollen.

Kritzeleien neigen dazu, sich zu verselbständigen. Ein leicht anschattierter Großbuchstabe kann sich am Ende einer dreistündigen Sitzung zu etwas ausgewachsen haben, das einem Fresko in der Sixtinischen Kapelle ähnelt. Gelegentlich sind Kritzeleien auch so komplex und aufwendig, dass sie irrtümlich für das Ergebnis der Sitzung gehalten werden. So verdanken beispielsweise nicht wenige öffentliche Bauten ihre Architektur in Wahrheit den dynamischen Kreuzschraffuren, die irgendein zu Tode gelangweilter Teilnehmer einer Sitzung in der frühen Planungsphase angefertigt hat.

Ein bisschen Gekritzel wird in einer Sitzung durchaus erwartet, aber übertreiben Sie nicht. Der Sitzungsleiter wird kaum sonderlich begeistert sein, wenn Sie ihn bitten, mal die farbigen Marker rüberzureichen, damit Sie Ihr Meisterwerk kolorieren können. Kritzeleien bedeuten, dass die Leute sich langweilen; sollten also während einer Ihrer Präsentationen alle vor sich hinkritzeln, wäre es ratsam, bald zum Ende zu kommen. Wenn um mehr Papier gebeten wird, machen Sie auf der Stelle Schluss.

Berichte

Berichte sind das Büropendant zu Absperrkegeln auf der Straße. Sie selbst tun eigentlich nichts, sind jedoch ein wichtiges, unmissverständliches Indiz dafür, dass irgendwann vielleicht tatsächlich etwas getan werden könnte. Bis dahin verlangsamen sie alles und verursachen allgemeinen Ärger und Verdruss. Einige Forscher (die nichts anderes tun, als Berichte zu schreiben) haben einen sehr interessanten Bericht vorgelegt, wonach sich in einem durchschnittlichen Büro das Verhältnis von Berichten zu Arbeit gewöhnlich auf zehn zu eins beläuft.

Der schnellste und einfachste Weg, einen Bericht zu schreiben, besteht darin, einfach die Namen in dem Bericht auszutauschen, den Sie zuletzt geschrieben haben. Doch Vorsicht, seien Sie sich bewusst, dass es immer einen Namen gibt, den man dabei übersieht, und es wird genau der sein, der in dem Satz vorkommt: «Wir verpflichten uns, für XY folgende Dienstleistungen zu erbringen.» Die andere Sache, die man in Berichten immer zu ändern vergisst, sind die Überschriften und Anmerkungen, was Sie erst bemerken, wenn Sie im Taxi auf dem Weg zur Präsentation sitzen.

Berichte beginnen in der Regel mit einem Grundlagenteil, den kein Mensch liest, weshalb Sie dort genauso gut reinschreiben können, was Sie in den Sommerferien gemacht haben. Wenn Sie wollen, dass in einem Bericht etwas gelesen wird, müssen Sie es «Kurzzusammenfassung» nennen; wenn nicht, schreiben Sie «Ausführliche Zusammenfassung des Inhalts» darüber. Üppige Erhöhungen Ihres Gehalts gehören als Anmerkung in den Anhang, es sei denn, Sie hätten es mit Juristen zu tun, die lesen immer zuerst das Kleingedruckte. Für sie sollten Sie Mogelpackungen daher im Abschnitt «Moralische Grundsätze» unterbringen, wo sie völlig ungelesen durchgehen.

Es gibt nichts Schlimmeres, als einen umfangreichen Bericht für jemanden vorzubereiten, der schnurstracks die letzte Seite mit den Kosten aufschlägt und stirnrunzelnd dasitzt, während Sie sich durch die vorhergehenden acht Seiten mit den Rationalisierungsmaßnahmen kämpfen. Dagegen hilft, Kosten und Schlussfolgerungen auf eine Extraseite zu schreiben. Die können Sie am Ende der Präsentation dann überreichen oder, sollte das Gehörte auf Zustimmung gestoßen sein, ins Büro zurückgehen, die Summe verdoppeln und sie später zuschicken. Sie können natürlich auch rigoros vorgehen und mit den Kosten beginnen, Ihre lange Präsentation durchziehen und hoffen, dass sich der Betreffende bis zu deren Ende wieder von dem Schock erholt hat.

Die meisten Berichte könnten aus einem Satz bestehen: «Dies sollten wir tun, und deshalb kostet es das.» Allerdings würde das nicht so recht die fünf Wochen Arbeit widerspiegeln, die Sie hätten hineinstecken sollen. Aus diesem Grund müssen Sie den Satz in althergebrachter Weise ein bisschen aufplustern, also die Schriftgröße erhöhen, den Zeilenabstand verdoppeln und gewaltige Anhänge mit sinnlosen Zahlen beifügen. Eine weitere Methode, um einen Bericht anzudicken, ist die Umwandlung eines knappen Word-Dokuments in eine stattliche Power-Point-Präsentation. Denken Sie daran, dass Farbdruck den geschäftlichen Wert jedes Dokuments um mehr als dreißig Prozent erhöht.

Vorgesetzte lesen oder verfassen nie Berichte, verlangen aber ständig, dass Sie welche schreiben. Sie tun das, weil sie eigentlich nicht wissen, was sie sonst mit Ihnen anfangen sollen, und nun hoffen, irgendwo in Ihrem Bericht einen Hinweis darauf zu finden, was sie Ihnen als Nächstes auftragen könnten. Meistens verschafft ihnen die Zeit, die Sie für das Abfassen brauchen, Luft, sich etwas anderes zu überlegen, womit sie Sie beschäftigen könnten, wobei dies nicht das Geringste mit dem Inhalt des Berichts zu tun hat. Darüber hinaus sind Berichte für Vorgesetzte ein bequemes Instrument, um Lorbeeren einzustreichen, wenn sie gut sind, und Sie dafür verantwortlich zu machen, wenn sie schlecht sind. Deshalb ist das Deckblatt mit dem Namen des Verfassers immer die Seite, die bei einem Bericht am häufigsten ausgetauscht wird.

Hemmstricke

Angesichts der Tatsache, dass die meisten Menschen unglaublich ackern, erstaunt es, wie wenig sich letztlich verwirklichen lässt. Denn so beharrlich Sie auch arbeiten, es gibt immer gewaltige Kräfte, die ebenso beharrlich gegen Sie arbeiten. Die mächtigste dieser Kräfte nennt sich Hemmstrick. Es handelt sich dabei um eine Mischung aus Bürokratie, Dummheit und Trägheit und gehört zur Grundausstattung eines jeden Unternehmens, ganz ähnlich wie Mozzarella bei den meisten Pizzas. Der Versuch, im Büro etwas zu verändern, ist wie ein möglichst sauberes Stück Pizza abschneiden zu wollen: Es ist schlicht unmöglich, ohne sich in einem langfädigen Netz zäher Hemmstricke zu verheddern.

Hemmstricke sind dafür verantwortlich, dass Sie nicht einmal so etwas Belangloses tun können, wie Ihre Topfpflanze umzustellen, ohne sich nach allen Seiten abzusichern, interne Mitteilungen zu verschicken, Ihr Team zu informieren, den Spielraum des Projekts abzustecken, Berater zu engagieren, einen Kostenplan aufzustellen und dafür zu sorgen, dass Ihr Vorhaben den Gesundheits-, Sicherheits- und Umweltbestimmungen entspricht sowie der Firmenphilosophie und den EU-Richtlinien für den Transport von Agrarprodukten.

Der zweite Grund für die Schwierigkeit, etwas zu verändern, ist, dass alle Muffensausen bezüglich der damit verbundenen Risiken haben. Was für Sie heißt, dass ein Scheitern direkt zu schriftlichen Abmahnungen, Kündigung, Arbeitslosigkeit, Zwangsräumung, Zerrüttung der Ehe, Auseinanderbrechen der Familie, Impotenz, Alkoholismus, Wahnsinn, Drogenabhängigkeit und Tod führt. Wenn Sie also einen geringfügigen Verbesserungsvorschlag für die Bestellung von Büromaterial machen, wundern Sie sich nicht, dass man in Ihnen jemanden sieht, der Tod und Verderben über alle bringt.

Sollten Sie es tatsächlich geschafft haben, irgendetwas zu realisieren, lehnen Sie sich bloß nicht selbstgefällig zurück. Denn im Berufsleben gilt die eiserne Regel: Wenn Sie die Befugnis haben, etwas zu entscheiden, hat Ihr Vorgesetzter diejenige, es wieder rückgängig zu machen. Daraus folgt, dass, je länger Sie brauchen, um etwas zu realisieren, Ihr Chef es umso schneller wieder zunichte macht. Arbeiten Sie also an einem Vorhaben, in dem Sie Ihr Lebenswerk sehen, ist es demnach ratsam, sicherzustellen, dass Sie es nicht von jemandem absegnen lassen müssen, der unter periodischer Reizbarkeit nach dem Mittagessen leidet.

Der größte Hemmschuh für Veränderungen am Arbeitsplatz ist die Entscheidungsphase. Dabei geht es zu wie im Wilden Westen, immerzu müssen Sie damit rechnen, in einen Hinterhalt feindlicher Kräfte zu geraten, die völlig andere Absichten verfolgen als Sie selbst. In den zuständigen Gremien kommen Menschen zusammen, die nichts über den zu beratenden Gegenstand wissen, eine fünfminütige Einweisung in ein seit drei Jahren laufendes Projekt zugestehen und dann annehmen, zu einer intelligenten Reaktion imstande zu sein, wobei sich das Interesse sämtlicher Beteiligter einzig darauf konzentriert, wie stark wohl die Nachfrage nach den Waffeln in der Keksschale ausfallen wird.

Wenn Sie unbedingt etwas realisieren wollen, sollten Sie es grundsätzlich selbst erledigen. Das gilt jedoch nicht fürs Büro. Hier machen Sie es besser nicht selbst. Bringen Sie vielmehr Ihren Chef dazu zu glauben, er hätte es getan, und achten Sie darauf, dass er die Lorbeeren für Ihre ganze Ackerei einheimst. Diese reizvolle Aussicht erklärt, warum viele Menschen nie überhaupt etwas in Angriff nehmen.

Fehler

Die meisten Firmen ermuntern Sie heutzutage dazu, kreativ zu sein und etwas zu riskieren. Anschließend ermuntern sie Sie dazu, sich nach einer anderen Stelle umzuschauen, nachdem Sie bei Ihrer Suche nach etwas Andersartigem und Ausgefallenem eine Reihe schwerer Schnitzer gemacht haben.

Manche Firmen sind derart erfolgreich in der Ermunterung ihrer Angestellten zu Fehlern, dass der Laden dicht ist, noch bevor Sie «Verantwortung übertragen» sagen können. Der Trick besteht natürlich darin, aus seinen Fehlern zu lernen, und Sie können von Führungskräften immer wieder den Ausdruck «ein lernendes Unternehmen» hören. Darunter versteht man eine Firma, in der so viele Fehler gemacht werden, dass der gesamte Betrieb als eine Art Universität der Katastrophen gelten kann.

Denken Sie daran, dass im Beruf jeder Fehler macht, abgesehen von Ihrem Chef, der so was Blödes im Leben nicht tun würde. Je mehr Fehler Sie machen, desto mehr Erfahrung

sammeln Sie natürlich. Schon deshalb werden in Stellenanzeigen zwei Jahre Berufserfahrung verlangt. Das gewährleistet, dass Sie all Ihre Fehler bereits auf Kosten eines anderen Arbeitgebers gemacht haben und inzwischen relativ
ungefährlich sind.

Jedem beruflichen Erfolg steht eine entsprechende Pleite
gegenüber. Beim Geschäftsessen können Sie darauf wetten,
genau zwischen den beiden gleichwertigen und entgegen-
gesetzten Pleiten zu sitzen. Manche Fehler sind so enorm,
dass sich keiner je zu ihnen bekennen kann. So hätten Sie Ihre
liebe Mühe, einen Amerikaner dazu zu bringen zuzugeben,
was für ein katastrophaler Fehler der Unabhängigkeitskrieg
war.

Am Arbeitsplatz etwas zu verändern ist ein Sieg an sich,
und wenn die Veränderung groß genug ist und Sie schnell
genug sind, können Sie das Ansehen für diesen großen Erfolg
für sich reklamieren, bevor das ganze Ausmaß der Katastrophe sichtbar wird. Deshalb ist der vorgezogene Ruhestand in
der IT-Branche auch so verbreitet.

Ablage

Die beliebtesten Buchstaben in Ablagen sind A für Allgemeines, Q für Quatsch und V für Vergessen. Abgelegt zu werden
bedeutet für Unterlagen einen dauerhaften vegetativen
Zustand, aus dem sie sehr selten, wenn überhaupt, wieder
ins Leben zurückgeholt werden. Trotzdem verhält es sich so,

dass jedes weggeworfene Schriftstück am nächsten Tag unweigerlich für eine zentrale geschäftliche Präsentation angefordert wird. Wenn die alten Ägypter ihre Toten begruben, pflegten sie sie mit Dingen zu umgeben, die ihnen im Jenseits vielleicht nützlich hätten sein können. Moderne Büroangestellte dagegen umgeben sich mit abgehefteten Unterlagen, die man irgendwann später vielleicht noch einmal brauchen könnte, was aber nie der Fall ist. Hätten sich die Pharaonen dafür entschieden, sich in Aktenschränken statt in riesigen Pyramiden bestatten zu lassen, wäre ihre Totenruhe bis in alle Ewigkeit vollkommen ungestört geblieben.

Aktenschränke sind ausnahmslos heimtückische Fallen, denn wenn Sie mehr als eine Schublade herausziehen, kippt das ganze Ding um und begräbt Sie unter sich. Durchdachte Ablagesysteme haben spezielle, raffinierte Sperren, durch die sich jeweils nur ein Auszug auf einmal öffnen lässt. Selbstverständlich nimmt jeder Benutzer an, er müsse die Schlüssel dafür verloren haben und gibt auf der Stelle auf. Es kann aber auch noch an etwas anderem liegen, wenn man die Auszüge von Aktenschränken nicht aufkriegt: Weil sich nämlich im entscheidenden Moment all diese kleinen Karteireiter aufbäumen und sich im darüberliegenden Auszug verkeilen.

Sollten Sie das Bedürfnis verspüren, den ganzen Aktenschrank aus dem Fenster zu werfen, tun Sie es. Firmen, die ihre sämtlichen Akten bei einem Großfeuer verloren haben, erleben anschließend generell eine monatelange Phase von Wachstum, Erneuerung und Begeisterung, weil alle alles vergessen können, was sie in der Vergangenheit getan haben.

Deadlines

Deadlines sind wie Hochzeitstage: Eine zu verpassen ist leicht, mit dem darauf folgenden nuklearen Winter fertig zu werden dagegen weniger. Die meisten Fristen im Berufsleben sind rein fiktiv. So wird Ihr Chef Ihnen zwar die Hölle heiß machen, damit Sie binnen eines Tages einen Bericht abliefern, für den es eine absolute Deadline gibt. Nachdem Sie ihn jedoch gründlich vermasselt haben, werden Sie zwei weitere Wochen zum Neuschreiben bekommen.

Jeder berufsbezogene Abgabetermin schlägt sich augenblicklich in einer tiefen Gesichtsfalte nieder. Deshalb haben Anwälte und Banker immer so glatte Wangen, während die Gesichter von Journalisten aussehen wie ein Stadtplan der Warschauer Innenstadt.

Früher war eine Frist etwas, das Sie aus sicherer Entfernung anstarren konnten. Wenn Sie heutzutage nicht gegen einen erdrückenden Fertigstellungstermin anarbeiten, sind Sie aller Wahrscheinlichkeit nach entweder tot oder Klempner oder beides. Im Allgemeinen entspricht die Knappheit einer Frist exakt der Inkompetenz desjenigen, der sie setzt. «Die Zeit dafür drängt» heißt nichts anderes als «Ist mir eben erst eingefallen, ist nämlich morgen».

Das Seltsame an Deadlines ist, dass Sie in einem bestimmten Stadium zugeben werden, dass die anberaumte Zeit vollkommen angemessen ist. Um das zu vermeiden, sagen Sie immer: «Das ist ausgeschlossen», selbst wenn man Ihnen soeben einen Monat eingeräumt hat, um einen Einseiter über irgendetwas zu verfassen. Handeln Sie einen weiteren Monat aus, in dem Sie das erledigen, wodurch Ihnen ein kompletter Monat vollkommen für erholsamere Arbeitsaktivitäten übrig bleibt.

Deadlines und Panik gehen Hand in Hand: Je näher der Abgabetermin rückt, desto größer die Panik und desto größer der Schlamassel. Einfache Tätigkeiten dauern unter Fristdruck viermal länger, weil es zu panikbedingten Patzern kommt, wie etwa das falsche Teil anzufertigen oder den falschen Langstreckenflug zu buchen. Der Trick bei Deadlines besteht deshalb darin, Zeit zu gewinnen, indem man mit dem Panischwerden beginnt, sobald einem eine gesetzt wird.

Lange arbeiten

Jeder, der regelmäßig bis spätabends arbeitet, befindet sich in einem steilen Sinkflug auf eine Fußmatte, auf der «Stress» steht. Bedauerlicherweise sind solche Leute selber daran schuld, denn als man sie im Bewerbungsgespräch fragte, ob sie bereit wären, auch lange und zu wenig gesellschaftsfähigen Zeiten zu arbeiten, haben sie nicht geantwortet: «Nein, ich ziehe kurze, sozialkompatible vor, danke.» Natürlich ist es Definitionssache, was lange arbeiten heißt. Wenn Sie von neun bis fünf arbeiten und um 17 Uhr 35 noch immer im Haus sind, ist das natürlich schon einigermaßen tief in der Nacht. Sind Sie andererseits selbständig und verlassen Ihr Büro vor den letzten Bestellungen, läuft das auf einen Halbtagsjob hinaus.

In großen Büros definiert sich langes Arbeiten darüber, ob Sie die Kinder der Reinigungskraft beim Namen kennen und die Bezeichnung für das unselige Hautleiden des Sicherheitsbeamten wissen. Häufiges zu langes Arbeiten können Sie auch daran ablesen, dass das erste Mal, wo Ihre Kinder alt genug zum Aufbleiben sind, um Sie zu begrüßen, stattfindet, kurz bevor sie in die Oberstufe kommen.

Dennoch hat spätes Arbeiten auch seine Vorteile. Der erste besteht eindeutig darin, dass Sie innerhalb von drei Stunden mehr geschafft bekommen als an drei gewöhnlichen Werktagen, da Sie nicht dauernd von den Privattelefonaten abgelenkt werden, die Sie den ganzen Tag über führen. Es verschafft Ihnen außerdem die günstige Gelegenheit, die persönlichen Unterlagen Ihrer Kollegen zu durchwühlen und sich dadurch gewöhnlich auf den neuesten Stand der Gerüchteküche zu bringen. Wenn Sie gerade beiläufig den Eingangskorb Ihres Geschäftsführers durchgehen, ist dies üblicherweise die Gelegenheit, bei der Sie dahinterkommen, dass die einzige Person, die gewohnheitsmäßig ebenfalls lange arbeitet, der Geschäftsführer ist.

Dass Sie lange arbeiten, merken Sie, wenn Sie anfangen, sich selber zu bedauern; dass es wirklich spät geworden ist, wenn Sie sich zum Abendessen eine Pizza bestellen; und dass es wahnsinnig spät geworden ist, wenn Sie die Pizzaschachtel wieder aus dem Papierkorb fischen und das letzte kalte Stück essen, das Sie vor fünf Stunden nicht mehr runtergekriegt haben.

15 Die Zukunft

Betrachten wir die Zukunft des Bürolebens, ist eine Sache absolut klar. Allerdings weiß niemand, was diese eine Sache ist, deshalb müssen wir einfach weiterpfuschen wie bisher.

Dennoch gibt es ein paar Prognosen, die wir aus voller Überzeugung wagen können. Die erste lautet, dass es mehr und bessere Kommunikationsmöglichkeiten geben wird, die wir samt und sonders auch weiterhin ignorieren und stattdessen Leute im Dunkeln tappen lassen werden, bis irgendwas gründlich schiefgeht.

Zum Zweiten wird der Arbeitsplatz zunehmend zu einem Zuhause, das Zuhause dagegen immer mehr zum Büro werden. Supergemütlich wird es zugehen in der neuen Arbeitswelt, mit schicken Cafés, Polstermöbeln, legerer Kleidung, Kinderkrippen und schmeichelnder Beleuchtung, während eine steigende Zahl von Haushalten künftig von Computern, Druckern, Aktenschränken und Schreibtischen belagert sein wird. Letzten Endes werden die Leute unbedingt zur Arbeit gehen wollen, weil sie dort ihre Kinder abgeben, sich in einen

Sessel sinken lassen, etwas Anständiges zu essen bekommen und überhaupt abschalten und sich entspannen können.

Vorgesetzte werden verschwinden. Wenn alle von zu Hause aus arbeiten, wird wohl keiner einen Chef in seinem Gästezimmer sitzen haben wollen. Jeder wird sein eigener Boss sein. Aus Vorgesetzten werden gute Kommunikatoren, sodass wir alle Chefs haben werden, die uns zuhören statt umgekehrt. Die Kehrseite davon ist, dass wir uns etwas Sagenswertes ausdenken müssen.

Die große Frage lautet: Werden die Menschen noch Schreibtische haben? Wenn Sie so ein kleines Gerät haben, das rechnen, telefonieren, Nachrichten übermitteln und überhaupt absolut alles elektronisch erledigen kann, müssen Schreibtische vollkommen neu gestaltet werden. Sie werden über Kaffeetassenhalter und Schokoriegelspender verfügen, über eine Sitzmulde für die Hinterteile vorbeikommender Klatschmäuler, außerdem einen Klappbildschirm für Videos von Ihren Lieben (aktualisierbar), mehrere Schubfächer für Bananen, Joghurt, eine Ausgabe der *Vanity Fair* sowie ein einzelnes Blatt Papier und einen Stift für den Notfall.

Die noch größere Frage lautet: Werden wir uns in dreißig Jahren noch immer in unzuverlässigen, überfüllten Zügen, Bussen und Bahnen zur Arbeit quälen, noch immer in von Menschen wimmelnden Büros mit abblätternden Wänden für ungehobelte und unangenehme Chefs arbeiten und monotone, weitgehend sinnlose Tätigkeiten verrichten? Angesichts der Rente, die wir zu gewärtigen haben, lautet die Antwort: Ja, werden wir vermutlich.